高温高压及高含硫井完整性规范丛书

# 高温高压及高含硫井
# 完整性指南

吴 奇 郑新权 张绍礼 张福祥 等编著

石油工业出版社

## 内 容 提 要

井完整性是国际上针对高温高压及高含硫井管理的有效手段,是近几年全球油气工程技术研究的热点。本书是《高温高压及高含硫井完整性规范丛书》第一分册,详细介绍了井完整性基本原理和井完整性管理系统的构架和要求,为高温高压及高含硫井的方案设计、钻井、试油、完井、生产到弃置的全生命周期内提出最低要求和推荐做法,可作为高温高压及高含硫井完整性的指导文件。

本书可供石油生产管理者、工程技术人员、科研工作者使用,也可供相关院校师生参考阅读。

#### 图书在版编目(CIP)数据

高温高压及高含硫井完整性指南/吴奇等编著．
—北京：石油工业出版社，2017.9
（高温高压及高含硫井完整性规范丛书）
ISBN 978-7-5183-1699-1

Ⅰ.①高… Ⅱ.①吴… Ⅲ.①油气井－指南 Ⅳ.①TE2-62

中国版本图书馆 CIP 数据核字（2016）第 317698 号

出版发行：石油工业出版社
（北京安定门外安华里2区1号楼 100011）
网　　址：www.petropub.com
编辑部：(010) 64523710　图书营销中心：(010) 64523633
经　　销：全国新华书店
印　　刷：北京中石油彩色印刷有限责任公司

2017年9月第1版　2017年9月第1次印刷
787×1092毫米　开本：1/16　印张：6.75　插页：1
字数：91千字

定价：60.00元
(如出现印装质量问题，我社图书营销中心负责调换)
版权所有，翻印必究

# 《高温高压及高含硫井完整性指南》编写组

组　　　长：吴　奇

副　组　长：郑新权　张绍礼　张福祥　杨向同　陈　刚

主要编写人员：(以姓氏笔画排序)
丁亮亮　马辉运　王孝亮　毛蕴才　艾正青
龙　平　乔　雨　刘洪涛　刘祥康　李玉飞
杨成新　杨炳秀　邱金平　张　果　张仲宏
胥志雄　曾　努　滕学清　魏风奇

参与编写人员：(以姓氏笔画排序)
马　勇　王　林　王　强　卢亚锋　冯耀荣
吕栓录　李军刚　李　杰　杨　健　吴　军
何轶果　何银达　何　毅　佘朝毅　张　伟
张明友　林　凯　林盛旺　周建平　周　朗
段国斌　贺秋云　秦世勇　耿海龙　彭建云
彭建新　谢南星　谢俊峰　窦益华　黎丽丽

# 丛书序

截至2014年底,中国石油在塔里木油田和西南油气田已投产高温高压及高含硫井200余口,其中油套管发生不同程度的窜通、泄漏等问题的井达40多口,严重影响了这些井的安全高效开发。目前国际上普遍采用全生命周期井完整性技术来解决高风险井的安全勘探、开发问题,井完整性是一项综合运用技术、操作和组织管理的解决方案来降低井在全生命周期内地层流体不可控泄漏风险的综合技术。井完整性贯穿于油气井方案设计、钻井、试油、完井、生产到弃置的全生命周期,核心是在各阶段都必须建立两道有效的井屏障,通过测试和监控等方式获取与井完整性相关的信息并进行集成和整合,对可能导致井失效的危害因素进行风险评估,有针对性地实施井完整性评价,制订合理的管理制度与防治技术措施,从而达到减少和预防油气井事故发生、经济合理地保障油气井安全运行的目的,并最终实现油气井安全生产的程序化、标准化和科学化的目标。

自20世纪70年代以来,挪威等国家相继开展了井完整性的系统研究,特别是在1996年挪威北海发生恶性井喷失控事故和2004年挪威P-31A井侧钻过程中发生地层压力泄漏后,井完整性开始真正引起业内重视,并且成立了挪威井完整性协会,颁布了全球第一个井完整性标准NORSOK D-010《钻井及作业过程中井筒完整性》;2010年,美国墨西哥湾海上发生震惊全球的Macando钻井平台漏油事故后,全球掀起了井完整性研究热潮,挪威、美国、英国等国均加快了井完整性研究的步伐,NORSOK D-010《钻井及作业过程中井筒完整性》(第四版)、《英国高温高压井井筒完整性指导意见》《水力压裂井井完整性指导意见》、ISO/TS 16530-1《油气井完整性——全生命周期管理》、ISO/TS 16530-2《生产运行阶段的井完整性》等标准相继颁布并得到实施,有效地指导了相关油气井的安全勘探和开发。

目前国内缺少一套系统的井完整性技术标准,而标准化是井完整性技术有效实施和推广的关键,国外标准主要针对海上油气井，对于中国石油高温高压及高含硫油气井，直接应用国外标准无法保证经济性和可实施性。鉴于此，中国石油勘探与生产分公司为加强高温高压及高含硫井从方案设计、钻井、试油、完井、生产到弃置全生命周期的各阶段和节点的井完整性管理，提高高温高压及高含硫井完整性管理水平，从源头上确保高温高压及高含硫井安全可控，2013年8月开始组织中国石油塔里木油田分公司、西南油气田分公司开展高温高压及高含硫井完整性规范的编制工作，分三年完成《高温高压及高含硫井完整性指南》《高温高压及高含硫井完整性设计准则》和《高温高压及高含硫井完整性管理规范》三部井完整性标准规范，并将其分三册作为丛书出版。

  本丛书的作者均为中国石油井完整性领域的先行者，具有较高的理论水平和丰富的实践经验。丛书的面世为高温高压及高含硫井的设计、建井、试油、生产、检测和监控等各项主要工作或阶段提出最低要求和推荐做法，较详细地阐述了高温高压及高含硫井的钻井完整性设计、试油井完整性设计、完井投产井完整性设计和暂闭/弃置井完整性设计方法，对全生命周期内各阶段提出了井完整性管理原则和要求，是目前国内在高温高压及高含硫井井完整性方面编写的唯一标准体系，可有效指导国内油气能源行业现场操作。目前，井完整性标准系列在中国石油塔里木油田分公司和西南油气田分公司等单位开始初步推广应用，为高温高压及高含硫油气井设计、施工和管理提供了技术指导，有效保障了该类油气井全生命周期的井完整性。

  本丛书充分借鉴了国际上井完整性的最新标准，结合中国石油在高温高压及高含硫井的实际情况和生产实践中的经验及行之有效的管理方法，涵盖内容全面，技术内容均经过了反复讨论和求证，准确度高。希望该丛书能成为中国石油上游生产管理者、技术人员、科研人员必备的工具书，在完善设计、安全作业、高效生产、工艺研究和培训教学中发挥重要作用。

2017年8月21日

# 前　言

井完整性是一项综合运用技术、操作和组织管理的解决方案来降低井在全生命周期内地层流体不可控泄漏风险的综合技术，以达到减少和预防油气井事故发生，经济合理地保障油气井安全运行为目标。井完整性标准化是保证井完整性技术和管理有效实施的基础。《高温高压及高含硫井完整性指南》是《高温高压及高含硫井完整性标准规范丛书》的第一部，是井完整性标准的纲领性文件。

在本书的编写过程中，充分借鉴了国际上井完整性的最新标准，结合中国石油在高温高压及高含硫井的实际情况和生产实践中的经验及行之有效的管理方法，经多次讨论修改，历时两年完成。本书详细介绍了井完整性基本原理和井完整性管理系统的构架和要求，为高温高压及高含硫井的设计、建井、试油、生产、检测和监控等各项主要工作或阶段提出最低要求和推荐做法，为高温高压及高含硫井井完整性提供技术指导。本书涉及到的参考标准、规范资料等，凡不注明日期的引用文件，均参考其最新标准。本书可做为中国石油上游生产管理者、技术人员、科研人员的工具书，也可作为大专院校的教材供师生使用和参考。

本书包括10章内容，可分成5个部分。第1部分井完整性概述（第1章、第2章、第3章）由吴奇、杨向同、张福祥、陈刚、张绍礼、丁亮亮、邱金平、张仲宏、杨炳秀等完成编写；第2部分钻井阶段的井完整性指南（第4章、第5章）由郑新权、龙平、滕学清、杨成新、王孝亮、毛蕴才、魏风奇、艾正青、张果、马辉运等完成编写；第3部分试油完井阶段的井完整性指南（第6章、第7章）由吴奇、杨向同、张福祥、张绍礼、刘洪涛、邱金平、乔雨、刘祥康、李玉飞等完成编写；第4部分生产阶段的井完整性指南（第8章）由郑新权、杨向同、张福祥、张绍礼、曾努、丁亮亮、邱金平等完成编写；第5部分井移交和弃井阶段的井完整性指南(第9章、第10章)由杨向同、张福祥、张绍礼、丁亮亮、邱金平等完成编写。全书由张绍礼、张福祥统稿,吴奇、郑新权审定。

本书在编写与出版过程中,得到了中国石油塔里木油田分公司、中国石油西南油气田分公司、中国石油集团石油管工程技术研究院、西安石油大学等相关单位和院校的大力支持和帮助,在此一并感谢。

鉴于作者水平有限,加之时间仓促,书中难免存在错、漏、不当之处,恳切希望读者批评指正。

# 目 录

1 井完整性指南编制目的 ·················································· 1
  1.1 井完整性概念 ······················································· 1
  1.2 井完整性指南编制目的 ··········································· 2
  1.3 适用范围 ····························································· 2
2 井完整性原理 ····························································· 3
  2.1 井完整性解决方案 ················································· 3
  2.2 井屏障示意图 ······················································· 4
  2.3 井屏障原则 ··························································· 6
3 井完整性管理系统 ······················································ 9
  3.1 目标和方针 ··························································· 9
  3.2 岗位和职责 ··························································· 9
  3.3 培训和能力要求 ··················································· 10
  3.4 数据信息 ····························································· 11
  3.5 风险评估 ····························································· 11
  3.6 计划及实施 ··························································· 15
  3.7 井完整性评价 ······················································· 16
  3.8 井屏障部件的维修和失效减缓 ································· 16
  3.9 井屏障应急预案和重建 ·········································· 16
  3.10 变更管理 ····························································· 17
  3.11 井完整性审核 ······················································· 18
4 钻井地质设计 ····························································· 19
  4.1 邻井资料分析 ······················································· 19
  4.2 孔隙压力预测 ······················································· 19
  4.3 地层破裂压力预测 ················································· 19
  4.4 井筒温度分析 ······················································· 20
  4.5 浅层气分析 ··························································· 20
  4.6 井眼轨迹分析 ······················································· 20
  4.7 特殊地层预测和评估 ············································· 21
  4.8 其他 ····································································· 21
5 钻井 ········································································· 22
  5.1 井屏障基本要求 ··················································· 22
  5.2 井屏障示意图 ······················································· 22
  5.3 井屏障部件 ··························································· 30

5.4　钻井井控 ································································ 41
6　试油 ············································································ 42
　　6.1　井屏障基本要求 ························································ 42
　　6.2　井屏障示意图 ···························································· 42
　　6.3　井屏障部件 ······························································· 50
　　6.4　试油井控 ·································································· 55
　　6.5　应急关断系统 ···························································· 55
7　完井 ············································································ 56
　　7.1　井屏障基本要求 ························································ 56
　　7.2　井屏障示意图 ···························································· 57
　　7.3　井屏障部件 ······························································· 63
　　7.4　完井井控 ·································································· 67
　　7.5　技术评估和确认 ························································ 67
8　生产 ············································································ 69
　　8.1　井屏障基本要求 ························································ 69
　　8.2　井屏障示意图 ···························································· 69
　　8.3　井屏障部件测试和维护要求 ········································ 69
　　8.4　完井投产时的井完整性要求 ········································ 70
　　8.5　生产阶段的井完整性要求 ··········································· 70
　　8.6　持续环空带压 ···························································· 72
　　8.7　监控生产井的完整性要求 ··········································· 73
　　8.8　井控 ········································································· 74
　　8.9　文档记录 ·································································· 74
9　井的移交 ····································································· 75
　　9.1　组织形式和程序 ························································ 75
　　9.2　移交文件 ·································································· 75
　　9.3　现场检查 ·································································· 77
10　井的暂闭/弃置作业 ······················································· 78
　　10.1　井屏障基本要求 ······················································ 78
　　10.2　井屏障示意图 ························································· 79
　　10.3　井屏障部件 ···························································· 88
　　10.4　弃置井控 ································································ 90
附件 A　引用文件 ······························································ 91
附件 B　相关定义 ······························································ 94
附件 C　缩写 ······································································ 96

# 1 井完整性指南编制目的

## 1.1 井完整性概念

目前国际上广泛接受的井完整性概念是综合运用技术、操作和组织管理的解决方案来降低井在全生命周期内地层流体不可控泄漏的风险。井完整性贯穿于油气井方案设计、钻井、试油、完井、生产到弃置的全生命周期,核心是在各阶段都必须建立两道有效的井屏障。井喷或严重泄漏都是由于井屏障失效导致的重大井完整性破坏事件。

井完整性管理是目前国际油公司普遍采用的管理方式。通过测试和监控等方式获取与井完整性相关的信息并进行集成和整合,对可能导致井失效的危害因素进行风险评估,有针对性地实施井完整性评价,制订合理的管理制度与防治技术措施,从而达到减少和预防油气井事故发生、经济合理地保障油气井安全运行的目的,最终实现油气井安全生产的程序化、标准化和科学化的目标。

井完整性和油气井钻井、试油、完井、生产、干预修井、弃置等各阶段的设计、施工、运行、维护、检修和管理等过程密切相关(图1-1)。

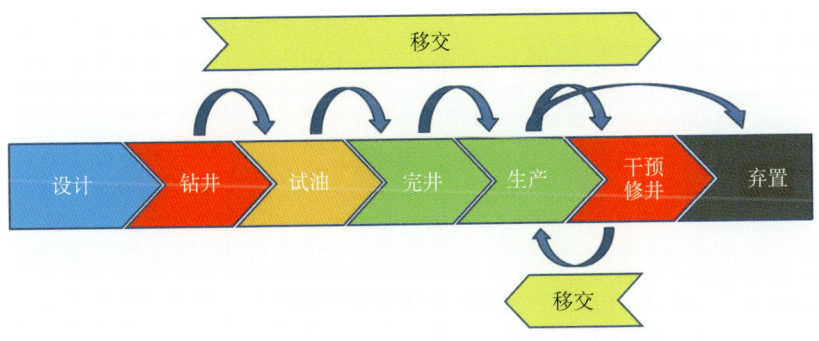

图1-1 井完整性与井完整性管理涉及的各阶段示意图

## 1.2 井完整性指南编制目的

高温高压及高含硫井完整性问题是一个国际性难题，国际上各油公司、各大研究机构和服务公司都在致力于解决这一问题，中国石油在塔里木盆地、四川盆地进行了多年攻关并取得了良好的效果。为加强中国石油高温高压及高含硫井从设计、钻井、试油、完井、生产到弃置全生命周期的各阶段和节点的井完整性管理，提高高温高压及高含硫井完整性管理水平，从源头上确保高温高压及高含硫井安全可控，制订了《高温高压及高含硫井完整性指南》。本指南的编制充分借鉴国际上井完整性的最新标准，结合中国石油在高温高压及高含硫井的具体实践，目的是建立中国石油自己的井完整性指南，为高温高压及高含硫井的设计、建井、检测和监控提出最低要求和推荐做法。

## 1.3 适用范围

本指南规定了高温高压及高含硫井从设计、钻井、试油、完井、生产到弃置全过程中关于井完整性的技术要求、维护使用操作指南及管理准则，暂不包含修井作业过程的井完整性。

本指南适用于高温高压及高含硫井的井完整性管理，同时满足以下定义中任意两个条件的井应遵循本指南的要求：

（1）储层孔隙流体压力不小于 70MPa。

（2）储层温度不小于 150℃。

（3）储层 $H_2S$ 含量不小于 $30g/m^3$。

（4）试油预测产气量或生产配产产气量大于 $20×10^4m^3/d$。

其他高温井、高压井、高产井、高含硫井应根据地质和工艺等条件分析论证是否参照执行本指南。

井完整性管理的基本原则是在全生命周期内至少有两道井屏障。本指南重点是描述第一井屏障和第二井屏障部件的设计和测试要求，但并不能取代井屏障设计和测试的相关国际标准和行业标准，也不涵盖井的作业程序和详细测试规程。

# 2 井完整性原理

本章主要阐述井完整性的基本原理。

## 2.1 井完整性解决方案

井完整性解决方案包含技术的解决方案、操作的解决方案和组织管理的解决方案等相关内容。

### 2.1.1 技术的解决方案

技术的解决方案是指建立防止地层流体发生泄漏的物理设备的完整性。在选择技术解决方案时，重点是制订正确的设备规范，并提出井屏障设计、选型、建造、测试、使用和监控的最低技术要求。技术的解决方案至少包含以下方面：

（1）井屏障数量的要求。
（2）井屏障合格标准。
（3）井屏障部件的设计选型原则。
（4）井屏障部件的测试验证要求。
（5）井屏障部件的监控维护要求。

### 2.1.2 操作的解决方案

操作的解决方案指制订相应的操作程序和文件，确保井在设计规定的范围内运行，并对井屏障部件进行定期的维护和测试，确保井屏障的完整性。操作的解决方案至少包含以下方面：

（1）操作规程。
（2）操作参数范围。
（3）环空压力管理。
（4）井屏障监控和测试。
（5）数据记录。

### 2.1.3 组织管理的解决方案

为使井完整性达到要求，还需要采取适当的组织管理措施。组织管理的解决方案至少包含以下方面：

（1）策略和目标。
（2）组织方案和运行，包括岗位和职责。

(3）人员资历和培训。

(4）工作流程。

(5）承包商管理。

(6）变更管理。

(7）应急准备。

(8）沟通和分享。

(9）文件移交。

## 2.2　井屏障示意图

井屏障示意图是通过在井身结构图上显示针对防止地层流体外泄的第一井屏障、第二井屏障及其包含的井屏障部件完整性状态和测试要求。第一井屏障指直接阻止地层流体无控制向外层空间流动的屏障，第二井屏障指第一井屏障失效后，阻止地层流体无控制向外层空间流动的屏障。

所有井作业和生产都应绘制井屏障示意图，生产井典型井屏障示意图见图2-1。在绘制井屏障示意图时应遵循以下7个方面的要求：

(1）作为井屏障的地层应给出强度信息。

(2）图中应显示油气储层信息。

(3）第一井屏障和第二井屏障中的每个井屏障部件，都应显示在表格中，并注明初始验证测试结果。此外，井屏障部件应该能够链接到测试、监控和验证相关的表格和历史数据。

(4）图中每个井屏障部件都应该显示其正确的深度。示意图可以不按比例，但必须准确绘制。

(5）所有套管和固井信息，包括表层套管固井信息，应该显示在示意图上，并标明尺寸。

(6）图中应至少包含下列信息：油气田名、井号、井型/井别、井状态、版本、日期、编制人、审核人/批准人，确保井数据和井屏障信息的正确性并能够追踪。

(7）其他重要信息，如井的历史、完整性现状、其他特殊风险，均应进行标明和注释。

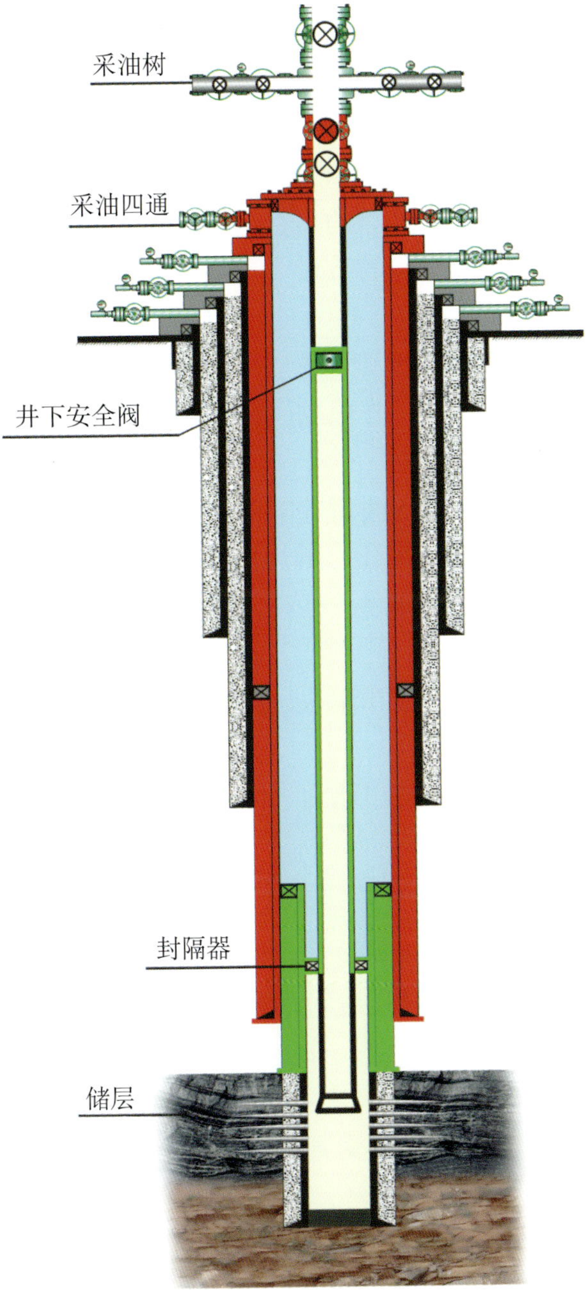

图中标注：
- 采油树
- 采油四通
- 井下安全阀
- 封隔器
- 储层

| 井的基本信息 | |
|---|---|
| 油气田名 | |
| 井号 | |
| 井型/井别 | |
| 井状态 | |
| 版本 | |
| 日期 | |
| 编制人 | |
| 审核/批准人 | |

| 井屏障部件 | 井屏障验证 |
|---|---|
| 第一井屏障 | |
| 地层 | |
| 尾管 | |
| 尾管外固井水泥 | |
| 生产封隔器 | |
| 油管（封隔器和井下安全阀之间） | |
| 井下安全阀 | |
| 第二井屏障 | |
| 地层 | |
| 套管 | |
| 套管外固井水泥 | |
| 套管头 | |
| 套管挂及密封 | |
| 采油四通 | |
| 油管头及密封 | |
| 采油树（主阀） | |

| 井完整性问题 | 备注 |
|---|---|
|  |  |
|  |  |
|  |  |
|  |  |

图 2-1　生产井典型井屏障示意图

## 2.3 井屏障原则

在井作业开始之前，应明确定义井屏障，包括识别所需的井屏障部件、技术要求和监控方法。建井设计中应包括全生命周期的井屏障设计，并在相关程序和方案中清晰描述井屏障及其功能。

### 2.3.1 井屏障的数量

应保证在井全生命周期内有足够的、合适的井屏障来防止井筒泄漏风险的发生。对于井屏障的数量，应至少满足以下要求：

（1）在井的全生命周期内，原则上至少需要两道井屏障。每道井屏障应尽可能是独立屏障，并根据国际或行业最佳实践进行设计、选型和建造。

（2）在井作业或生产中不具备两道井屏障时，应开展风险评估，并采取最低合理可行（ALARP）的风险削减措施。

（3）对不能建立两道独立井屏障、存在使用共用井屏障部件的作业，应对其风险进行评估。

（4）在防喷器安装前的一开钻井作业，至少需要一道井屏障。

（5）对于井的弃置，在油气层和地面之间至少需要两道永久的井屏障。

### 2.3.2 井屏障的设计

在建井设计和作业程序中应明确设计足够的井屏障，确保全生命周期井的完整性。建井设计还应对使用的新技术和新应用的井屏障部件开展技术评估和确认。井屏障在设计选型时应考虑以下因素。

（1）具有较高的可靠性，能够承受其可能会接触到的最大压差、温差和所处的井下环境。

（2）能够进行试压、功能测试或用其他方法进行检验。

（3）确保不会因一个故障事件而导致井内流体无控制地泄

漏至外部环境。

（4）能够对已失效的第一井屏障进行恢复或建立另一级替代井屏障。

（5）对可以进行监控的井屏障部件，应能够随时确定井屏障的实际位置和完整性状态。

（6）尽量避免出现共用的井屏障部件。

### 2.3.3 井屏障的安装

在建井设计和程序中应清晰描述井屏障的安装程序。井屏障的安装程序应包含检查和确认井屏障位置的方法和验证标准。

### 2.3.4 井屏障的验证

所有的井屏障都应能够进行验证。井屏障应进行试压、功能测试或使用其他方式进行验证。对每个井屏障验证的具体方法及推荐做法，将在后续章节中描述。

应制订可操作的井屏障部件测试方案，该方案应包括明确的测试程序、测试合格标准和具体测试要求。应对所有进行井屏障测试的设备或仪器及时进行校验，并做好记录。下面5种情况下必须进行验证：

（1）在井屏障首次投入使用之前。

（2）更换井屏障承压部件后。

（3）怀疑有泄漏时。

（4）当某个井屏障部件工作压差或载荷工况超出了原设计值时。

（5）按照设计或规范要求的定期测试。

### 2.3.5 井屏障的维护和监控

井屏障应在全生命周期中进行维护和监控。应制订相应的程序文件来规范井屏障的维护和监控活动。

（1）在井作业和生产过程中，应对井屏障进行监控。宜使用自动控制和报警系统来协助井屏障部件的管理和监控。典型的监控方法如下：

①钻井液液面或体积监控。

②钻井期间各环空压力监控。

③试油、完井期间各环空压力监控。

④生产期间油套压力和井口温度监控。

⑤生产流体组分检测及腐蚀、冲蚀监控。

（2）没有被连续监控的井屏障部件（如采油树阀门）都应建立一个维护保养计划。该计划应综合考虑作业风险和厂家提供的井屏障设备使用和保养要求，制订井屏障部件的检验和维护程序。

### 2.3.6　井屏障退化/失效的削减措施

如果井屏障退化（未完全失效），应建立相应的管理系统来识别退化状况，并制订削减措施，同时在井屏障示意图中记录该信息。

如果一个井屏障失效，应确保剩余井屏障能够起到密封井眼的作用。根据风险评估的结果或程序文件的要求，决定是否修井或采取临时性的削减措施。

# 3 井完整性管理系统

井完整性管理是一个循环往复、不断改进的过程。应建立系统的方法来管理全生命周期的井完整性。井完整性管理系统包含的基本要素如图 3-1 所示。

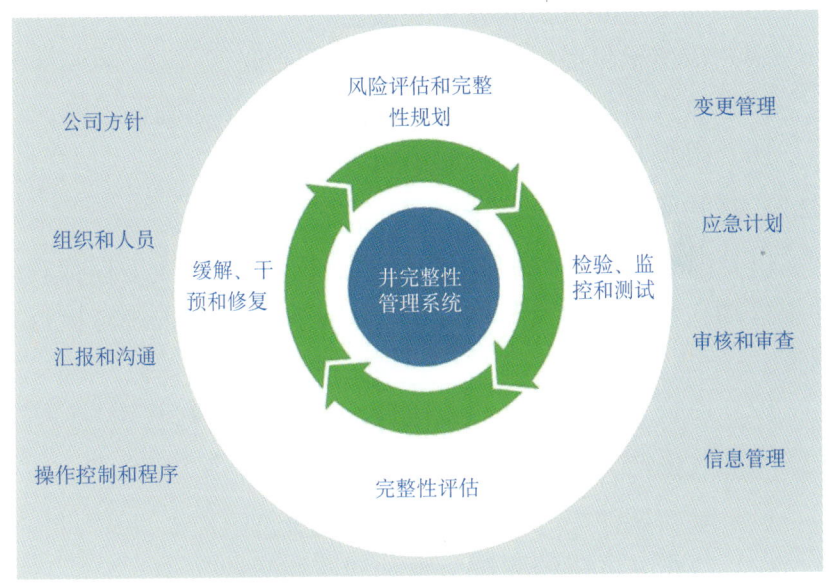

图 3-1 井完整性管理系统

## 3.1 目标和方针

应制订井完整性的方针政策,承诺履行井完整性管理,保护健康、安全、环境、资产和公司声誉。井完整性的方针政策需经油田公司高层管理者签字批准。

应制订井完整性管理程序,指明该方针政策如何贯彻和实施。

应制订井完整性的策略,确定资源分配和预算优先级别,以支持井完整性管理目标的实现。

## 3.2 岗位和职责

应建立井完整性管理的组织机构,明确人员岗位及每个岗位在井完整性管理中的职责和权限,并保证能够覆盖井各阶段的完整性管理。

### 3.2.1 油田公司

（1）总体负责井的规划、设计和建井作业。

（2）明确各部门关于井完整性的职责。

（3）确保重要人员有相关资质。

（4）审核承包商的作业程序和作业标准。

（5）负责新技术和新设备的独立技术评估与确认工作。

（6）组织井完整性管理的审核和考核。

### 3.2.2 建井部门

（1）监督相关的作业人员（如承包商、钻井液工程师、录井工程师、地质监督及其他人员）按照设计和相关规定执行其职责。

（2）监督井屏障的安装、检查、测试和监控。

### 3.2.3 油气生产部门

（1）参与试油完井方案的制订和变更。

（2）执行井屏障的测试、维护和监控活动。

（3）参与井下作业方案的制订和前期准备。

### 3.2.4 施工作业部门

（1）制订作业程序和作业标准满足井完整性的要求。

（2）作业过程中遵守油公司井完整性相关的规定和要求。

## 3.3 培训和能力要求

井完整性培训应覆盖井完整性作业的所有相关人员，下列人员必须参加培训：

（1）技术支撑人员（包括钻完井工程师、采油气工程师、HSE 人员）。

（2）现场工程师（包括钻井监督、试油监督、地质监督和甲方管理人员）。

（3）现场操作人员（包括设备管理人员、生产监理、中控室操作员、现场技术员）。

（4）钻井承包商（包括平台经理、司钻和服务公司工程师）。

## 3.4 数据信息

与井完整性相关的数据信息需要文件化并存档，至少需要收集和保存相关记录，见表3-1。

表3-1 井完整性记录

| 序号 | 记录内容 | 保存期限 | 备注 |
| --- | --- | --- | --- |
| 1 | 套管和油管的设计载荷工况 | 直到井永久弃置 | 记录设计考虑的载荷工况和使用的安全系数 |
| 2 | 井屏障部件的技术规格和材料证书 | 该井屏障部件的使用期 | 如井口、套管、尾管、油管、封隔器等 |
| 3 | 井屏障部件的试压记录 | 该井屏障部件的使用期 | 包括工厂试压，现场安装测试，作业和生产过程中的定期压力试验等 |
| 4 | 井完整性测试记录 | 直到井永久弃置 | 如水泥胶结测试、油管和套管磨损检测等 |
| 5 | 环空压力记录 | 直到井永久弃置 | 用于环空压力管理和分析 |
| 6 | 井屏障示意图 | 直到井永久弃置 | 井屏障示意图需要实时更新 |
| 7 | 井控演习记录 | 1年 | 用于统计分析 |
| 8 | 检验和维护保养记录 | 直到井永久弃置 | 用于统计分析 |
| 9 | 井的永久弃置方案和文件 | 无限期 | 应包含弃井设计、施工记录、测试记录和相关图件。 |
| 10 | 井移交文件 | 直到井永久弃置 | 参见第9章 |

## 3.5 风险评估

应在井的全生命周期内开展与井完整性相关的风险识别和评价，重点针对井屏障失效和井控事故的风险进行识别和评价。风险评估应遵循以下原则：先开展定性风险评估（Q：

Qualitative）或半定量风险评估（SQ：Semi-Quantitative），识别出风险井，再针对风险井开展定量风险评估（QRA：Quantitative Risk Analysis）或专项风险评估。井风险评估方法的选择原则如图3-2所示。

应建立明确的风险评估准则和决策依据，并根据风险评估结果来制订井完整性管理相关活动规划及其优先顺序。

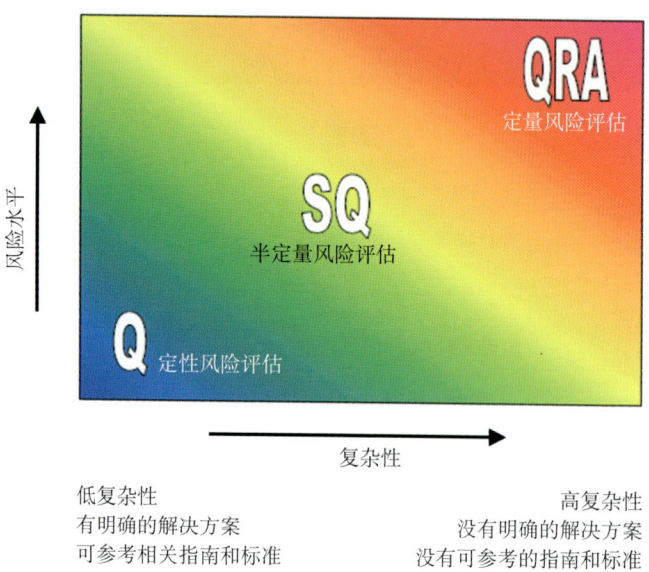

图3-2 风险评估方法选择原则

### 3.5.1 风险评估方法

井完整性风险评估方法见表3-2[作业过程相关的安全分析，如工作安全分析（JSA）、任务安全分析（TSA）、人员因素分析（Human Factor）等不在本指南讨论的范围内]。如果发生井屏障退化或失效，风险评估还应着重考虑以下方面：

（1）井屏障退化或失效的原因。

（2）该退化或失效继续恶化的可能性。

（3）第一井屏障的可靠性和失效方式。

（4）第二井屏障的可用性和可靠性。

(5) 恢复或更换的计划。

表 3-2 井完整性风险评估方法

| 阶段 | 危险源识别 | 故障模式、影响及危害性分析 | 井分级 | 定量风险分析 |
|---|---|---|---|---|
| 设计准备 | √ | √ |  | √ |
| 钻井作业 | √ |  |  | √ |
| 试油作业 | √ |  |  | √ |
| 完井作业 | √ |  |  | √ |
| 生产 | √ | √ | √ | √ |
| 弃置作业 | √ |  |  | √ |

表 3-2 为推荐的评估方法，也可以根据井的实际情况采用其他适用的方法，各种井完整性分析方法的适用阶段和主要目的如下：

(1) 危险源识别（HAZID）。

① HAZID 分析贯穿于井的全生命周期，是定性的分析方法。其主要目的是系统识别井的危险源并初步分析其风险。

② HAZID 分析应定期开展和更新，HAZID 分析后应形成或更新风险记录。

③ 针对高风险的危害，可采用定量/半定量方法进行专项分析。

(2) 故障模式、影响及危害性分析（FMECA）。

① FMECA 应在井的规划设计阶段开展，其主要目的是分析井屏障失效模式、影响及危害性。通过 FMECA 分析，针对关键的井屏障部件制订其性能标准和相应的验证计划，建立并维持其完整性。

② 在生产阶段开展 FMECA 分析，可对井屏障部件的重要程度进行排序，依据风险等级，制订井屏障部件在役阶段的检验、测试、维护和监控计划。

(3) 井分级（Well Categorization）。

①井分级是适用于在役井的定性分析方法,分级原则见表3-3。其主要目的是对在役井按照井屏障的完整性进行筛选分析,提供井现状的总体概貌。

②对于橙色井和红色井应开展进一步的量化分析。

表3-3　井分级原则

| 类别 | 原则 | 措施 | 管理原则 |
|---|---|---|---|
| 红色 | 一道井屏障失效,另一道井屏障退化或失效,或已经发生泄漏至地面 | 立即开展详细的风险评估,立即实施降低风险的措施或修井作业 | 立即上报油田公司 |
| 橙色 | 一道井屏障失效,另一道井屏障完好,或单个失效可能导致泄漏至地面 | 加强对井屏障完整性的监控,开展风险评估,开展维护保养或降低风险的措施及相关作业 | 油田公司备案,油气生产部门自行监控,并采取相应措施,一旦井况恶化立即上报油田公司 |
| 黄色 | 一道井屏障退化,另一道井屏障完好 | 加强对井屏障完整性的监控,开展维护保养作业 | 油气生产部门自行监控,并采取相应措施 |
| 绿色 | 两道井屏障完好,或有轻微的问题 | 正常监控和维护 | 油气生产部门自行监控 |

(4)定量风险分析(QRA)。

主要是针对定性分析中的中—高风险井而开展的进一步详细分析,对失效的可能性和失效的后果进一步量化,在充分认识风险的基础上,为风险决策提供依据。

### 3.5.2　风险矩阵和可接受准则

应建立风险分析所使用的风险矩阵和可接受准则,确保分析的一致性,并提供决策依据。风险矩阵应至少考虑安全风险、环境风险和经济风险,并对失效可能性和失效后果进行定性和量化描述,以确保定性分析和定量分析的需要。风险矩阵示意图和可接受准则分别见图3-3和表3-4。

| 失效后果 | 失效可能性 | | | | |
|---|---|---|---|---|---|
| | 非常低 | 低 | 中等 | 高 | 非常高 |
| 轻微 | L | L | L | L | M |
| 一般 | L | L | L | M | M |
| 中等 | L | L | M | M | H |
| 重大 | L | M | M | H | H |
| 灾难 | M | M | H | H | H |

图 3-3　风险矩阵示意图

表 3-4　可接受准则

| 风险等级 | 处理措施 |
|---|---|
| 高风险 | 风险不可接受，要提供处理措施，验证处理措施实施的效果，残余风险评估及定期追踪 |
| 中风险 | 开展最低合理可行（ALARP）分析，应考虑适当的控制措施，持续监控此类风险 |
| 低风险 | 风险可接受，只需要正常的维护和监控 |

风险等级为中风险时，应开展最低合理可行（ALARP）分析，识别所有在技术和时间上可行的风险削减措施，综合考虑削减风险措施带来的额外风险（包括作业风险、作业成本等）和不采取措施的风险。若风险削减措施技术上不可行或削减效果不经济，则该种风险等级可接受，否则应采取措施来降低风险。

## 3.6　计划及实施

根据定性或定量的风险评估结果，制订井全生命周期的检验、测试和监控计划。应制订明确的操作规程，包含检验、测试和监控的内容、频率、评判准则、记录要求等。井完整性的检验、测试和监控活动包含以下内容：

(1) 设计准备阶段应进行技术评估和审查。

(2) 作业阶段应进行井屏障维护、测试和监控。

(3) 运行阶段应进行井屏障维护、测试和监控。

## 3.7　井完整性评价

井完整性评价是根据维护、测试和监控结果以及日常操作中发现的故障来开展的综合性评价，确定井屏障是否满足要求，或制订相应的井屏障部件维修和失效减缓措施，以确保井作业和生产安全。井完整性评价包括以下内容：

(1) 井屏障退化或失效原因的诊断分析。

(2) 存在缺陷的井屏障可使用性评估。

(3) 数据统计和趋势分析。

## 3.8　井屏障部件的维修和失效减缓

根据井完整性评价结果，针对不同的井屏障部件制订相应的维修和失效减缓措施。具体包括以下工作：

(1) 编写维修与失效减缓技术方案。

(2) 组织专家对技术方案进行评审。

(3) 实施具体维修改造工作。

(4) 工作任务的完工验收。

(5) 更新相关文档记录。

## 3.9　井屏障应急预案和重建

应急预案中应包括钻井等所有作业的紧急状况。应包含应急计划（该计划包括如何重新建立失效井屏障部件）以及针对某项紧急情况建立一个可代替的井屏障部件（如井涌、漏失、压力控制设备失效等）。

压井预案中应明确采用哪一种压井方法（如司钻法、工程师法、压回法、置换法等）以及压井施工步骤。压井作业前应确保储备有足够的压井液及压井液加重材料。所有压井作业的参数应作好记录并实时更新。

### 3.9.1　井控计划

在井全生命周期的各个阶段均应建立井控程序。如果井屏障失效，应先开展风险评估，再开展相应作业。在建井期间，执行各油气田公司井控实施细则，紧急情况下按各油气田井控专项应急预案执行；在生产和弃置作业期间，应立即开展风险评估，并根据评估结果制订相应措施。

作业前应进行井控技术交底，确保所有相关人员知道并理解井屏障和井控应急程序。井控应急程序应包括以下部分：

（1）作业过程中各岗位的井控职责。
（2）关井程序。
（3）重建井屏障的方法。
　　①使用备用井屏障。
　　②压井程序。
　　③标准化操作。
（4）特殊井控设备的配置。

### 3.9.2　防喷演习计划

定期进行防喷演习，通过培训使相关人员具备井屏障失效的检测和预防能力。

建立防喷演习的达标标准。所有现场相关人员和具有应急职责的人员应参与演习。演习应重复足够多的次数，确保响应速度达标。所有的演习应进行评估并做好记录。

## 3.10　变更管理

应建立涵盖井全生命周期的变更管理程序。设备、操作和组织发生变更时均应进行变更管理，变更管理程序应包括风险评估、削减措施、审批和文件记录更新等要求。变更管理程序适用以下情况：

（1）地面设备和井控设备的改变。
（2）影响井屏障示意图的改变。
（3）井类型的改变（如从生产井改为注水井）。

（4）操作程序的改变。

（5）关键岗位人员的变化。

（6）设计基础或操作条件的变化。

## 3.11　井完整性审核

应建立井完整性管理系统的审核流程，明确审核周期和审核依据，制订井完整性管理的关键绩效指标。井完整性的审核依据可根据井屏障技术要求和相关检查要求来制订。

井完整性审核应明确指出井完整性管理系统的改进方向和改进措施。

# 4 钻井地质设计

高温高压及高含硫井不确定因素多、作业风险高,井完整性失效的可能性大、后果严重。因此,识别、评估和降低相关风险应从方案设计阶段开始,并在整个生命周期中持续改进。

为确保井完整性,高温高压及高含硫井在方案设计阶段应重点考虑邻井资料分析、孔隙压力预测、地层破坏压力预测、井筒温度分析等几个方面。

## 4.1 邻井资料分析

邻井的地质资料、钻井日志、井史、地层测试、测井资料等数据对新井设计非常重要,对解决作业难题能够提供有效参考。应针对作业难点和钻井目的,选择与设计井地质条件相似的邻井数据,并对资料的完整性、准确性进行评估和确认。掌握高温高压及高含硫井全生命周期内的可能导致井完整性失效影响因素,并在方案设计中制订风险削减措施。

## 4.2 孔隙压力预测

准确的孔隙压力预测对井的设计和作业至关重要。对于没有钻探的新区块,主要应用地震反演法进行孔隙压力预测。对于已钻探区块,应根据钻杆测试(DST)、重复地层测试(RFT)、模块化地层动态测试(MDT)资料,同时结合测井资料提高预测精度。

高温高压环境下,孔隙压力预测的不确定性大,尤其对于窄密度窗口钻井,井控风险较高,因此推荐采用随钻测量(LWD/PWD)方法实时测量。

## 4.3 地层破裂压力预测

准确的地层破裂压力预测对井的安全和经济性至关重要,尤其对于异常压力地层和目的层,钻井液大量漏失可能导致严重井控风险。地层破裂压力应综合使用地层承压试验(FIT)、地破试验(LOT)和延伸地破试验(XLOT)数据来预测。在窄密度窗口条件下，预测结果对井完整性影响更大，使用岩石力学方法可以提高预测精度，降低预测误差导致的作业风险，要综合考虑安全风险、钻井难度、成本等因素来确定是否使用该方法。

### 4.4　井筒温度分析

静态与循环状态下的井筒温度差异较大，达到稳定状态的时间较长。井筒温度通常为非线性分布，高温高压及高含硫井的设计需准确预测最高温度和井筒温度分布，可参考邻井测温数据，采用数值拟合的方式来预测，在方案设计中需考虑以下几方面：

（1）随着井深增加，温度升高、地层岩石强度增强。

（2）井内流体对井眼的冷却可能导致地层破裂。

（3）开采期间，储层压力持续下降，但温度变化较小。

（4）高温井更容易发生 J—T 效应形成水合物。

（5）反向 J—T 效应可能导致生产时的井底温度比储层温度高。

（6）温度对井下仪器、工具、工作液性能等的影响。

（7）温度变化导致的设备疲劳影响。

### 4.5　浅层气分析

所有井均应进行浅层气风险评估，并制订削减措施，主要考虑以下几个方面：

（1）评估浅层气存在的可能性及作业风险，必要时调整井位。

（2）制订钻遇浅层气的操作程序和井控程序。

（3）对于丛式井，已投产井的生产可能引起浅层气温度升高，要评估其对钻井作业的影响。

### 4.6　井眼轨迹分析

井眼轨迹对井眼防碰、优化固井、管柱强度设计、管柱防磨、地质建模、救援井钻井等具有重要作用。

井眼轨迹水平投影坐标可以通过多个不同的坐标系统来确定。井口的坐标可通过已知参考点坐标来确定。在新区块钻进时，轨迹测量间距不大于30m，且方位应以网格北为基准。

对需要防碰监测的井，应实时监测与相邻井的距离，通常采用最小曲率法或其他方法，并保证测量结果不受邻井磁性材料干扰。

工程方案设计和技术措施应考虑井眼轨迹质量对下套管、固井、套管强度、套管磨损以及后续作业的影响，并制订相应的技术措施。

### 4.7 特殊地层预测和评估

应对断层、盐膏层、高压水层、漏层、高研磨地层等特殊层段进行预测和评估。

应对储层流体性质（油、气、水）、腐蚀性物质（$H_2S$、$CO_2$等）含量及井段进行预测和评估。

### 4.8 其他

高温高压及高含硫井在完钻和投入生产前，无法预测和评估所有的技术问题，为应对作业过程中面临的诸多挑战，须编制详细和严格的设计。

油田公司应建立探井完成后的井完整性评估程序，评价其是否具备投产条件。

# 5 钻井

本章主要包括钻井期间与井完整性相关的要求和其他安全操作指南，重点介绍钻井期间井屏障部件的设计、测试和监控要求，以建立有效的井屏障。

## 5.1 井屏障基本要求

钻井作业中井屏障的基本要求如下：

（1）表层钻井时，钻井液柱作为唯一的井屏障，应确定合理的密度。

（2）表层套管固井后应安装防喷器，并同时具备两道有效井屏障。

（3）同一钻井液密度无法兼顾两个以上压力系统时，宜下入套管。

（4）在储层中作业，钻柱中应至少安装两个有效的内防喷工具。

## 5.2 井屏障示意图

应使用井屏障示意图来描述钻井作业过程中的第一井屏障和第二井屏障。表 5-1 列举了几种典型钻井工况下的井屏障示意图。具体绘制井屏障示意图时，应根据实际工况进行修订。

表 5-1 钻井作业的井屏障示意图

| 序号 | 钻井作业工况 | 备注 | 参考 |
| --- | --- | --- | --- |
| 1 | 表层钻进 | 无 | 图 5-1 |
| 2 | 钻进、取心钻进、起下钻杆等（可剪切） | 无 | 图 5-2 |
| 3 | 起下钻铤、取心工具等（不可剪切） | 无 | 图 5-3 |
| 4 | 下套管、固井作业（不可剪切） | 无 | 图 5-4 |
| 5 | 欠平衡钻井（可剪切） | 无 | 图 5-5 |
| 6 | 测井（可剪切） | 无 | 图 5-6 |
| 7 | 空井 | 无 | 图 5-7 |

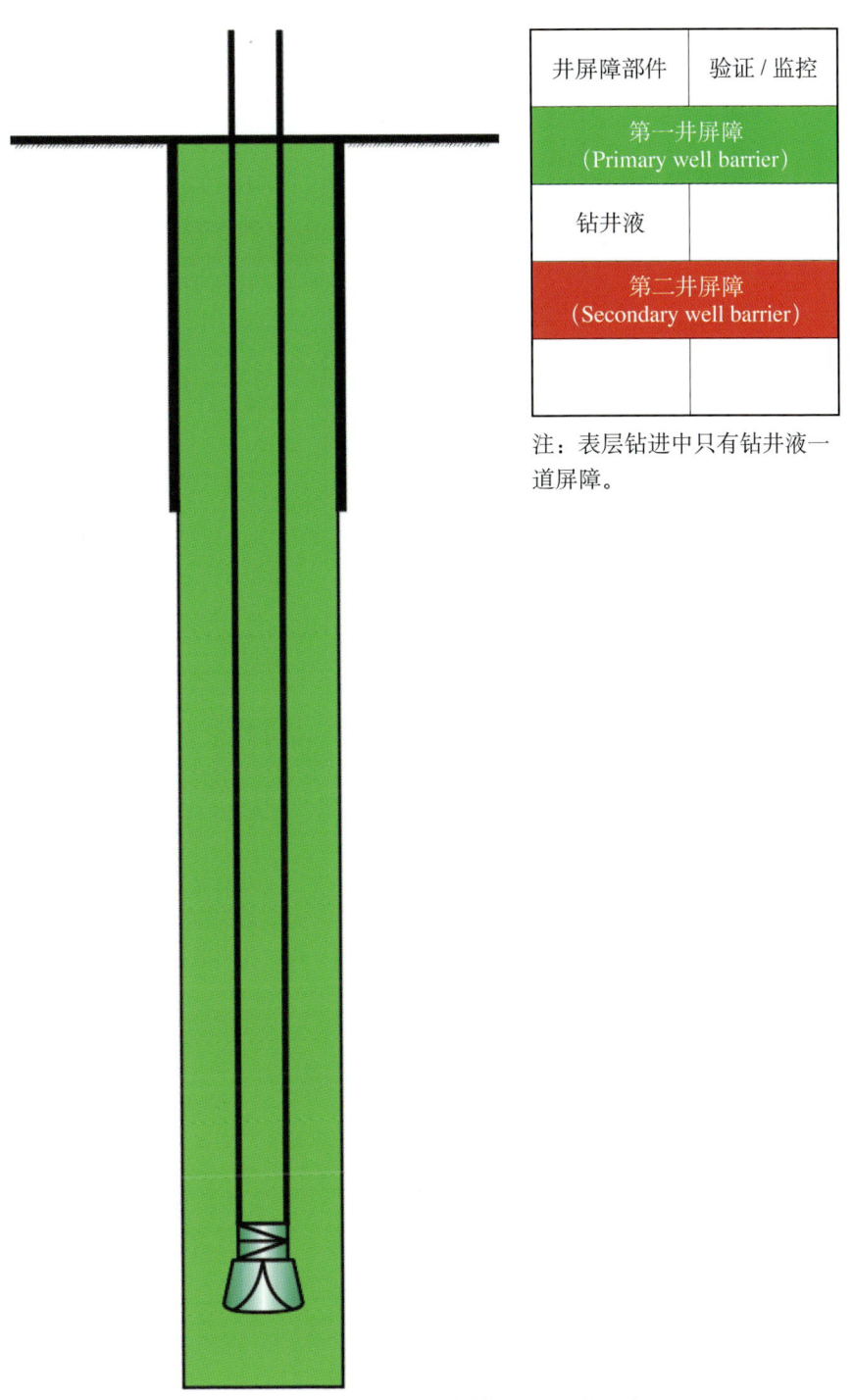

图 5-1 表层钻进井屏障示意图

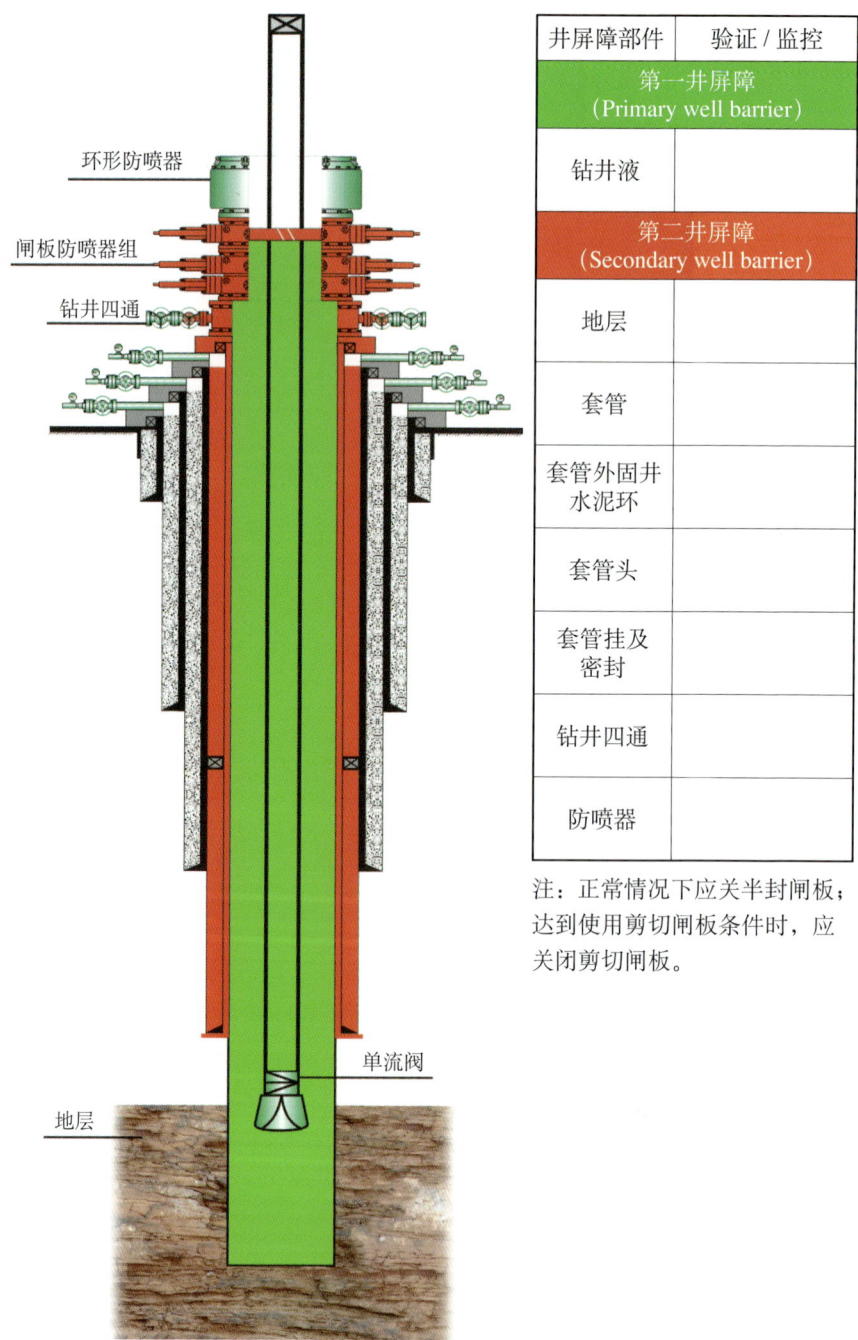

图 5-2　钻进、取心钻进、和起下钻杆等（可剪切）井屏障示意图

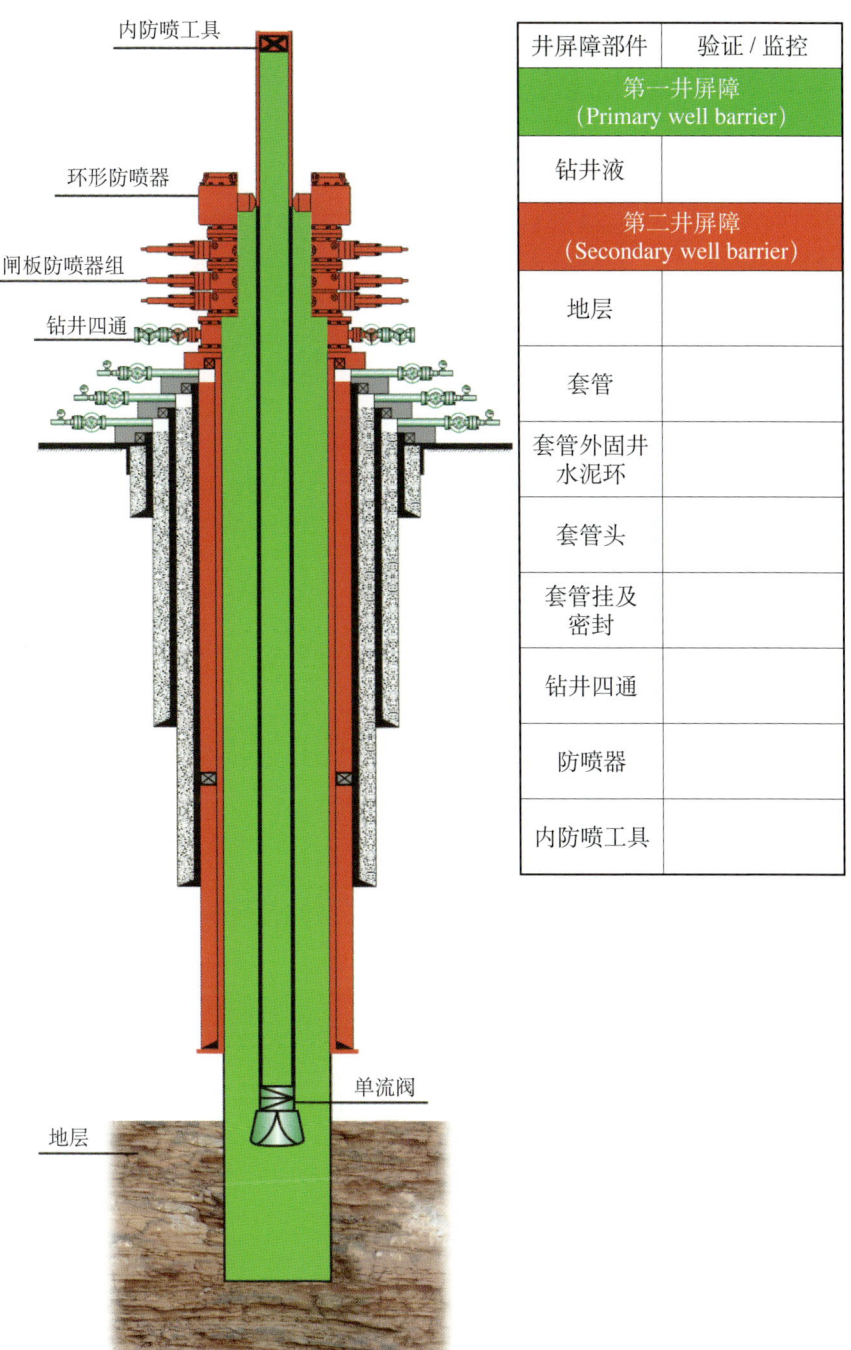

图 5-3 起下钻铤、取心工具等（不可剪切）井屏障示意图

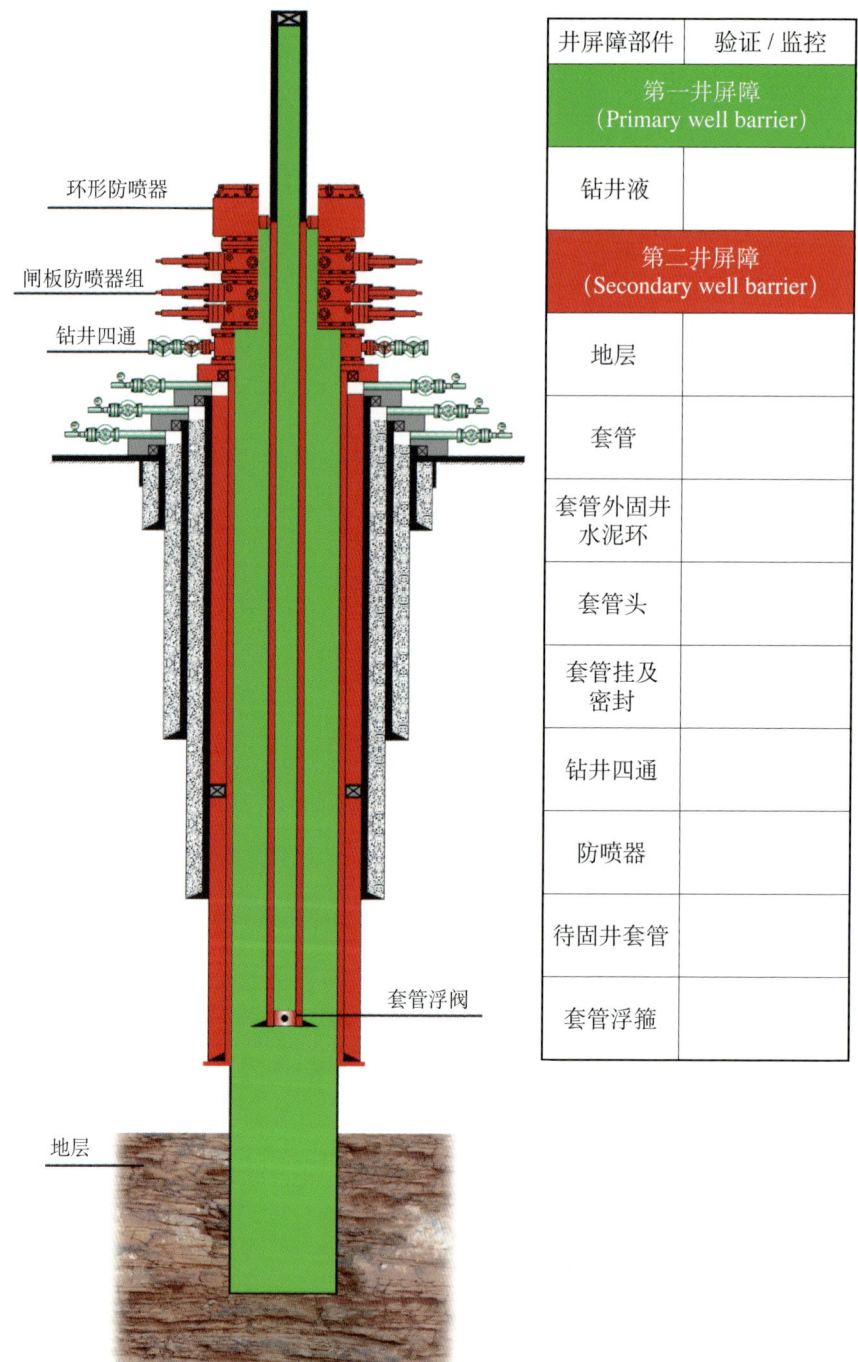

图 5-4 下套管、固井作业（不可剪切）井屏障示意图

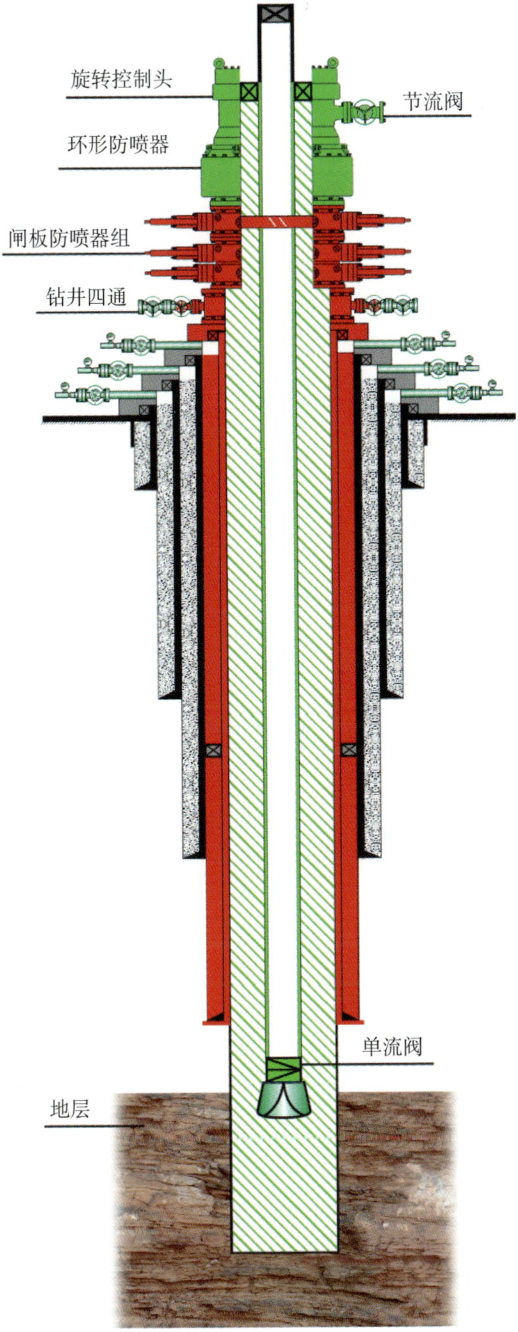

高温高压及高含硫井完整性指南

| 井屏障部件 | 验证/监控 |
|---|---|
| 第一井屏障（Primary well barrier） | |
| 钻井液 | |
| 套管 | 共用井屏障部件 |
| 套管外固井水泥环 | 共用井屏障部件 |
| 套管头 | 共用井屏障部件 |
| 套管挂及密封 | 共用井屏障部件 |
| 钻井四通 | 共用井屏障部件 |
| 防喷器 | 防喷器剪切闸板以下本体是共用井屏障部件 |
| 旋转控制头 | |
| 节流阀 | |
| 钻杆 | |
| 单流阀 | |
| 第二井屏障（Secondary well barrier） | |
| 地层 | |
| 套管 | 共用井屏障部件 |
| 套管外固井水泥环 | 共用井屏障部件 |
| 套管头 | 共用井屏障部件 |
| 套管挂及密封 | 共用井屏障部件 |
| 钻井四通 | 共用井屏障部件 |
| 钻井防喷器 | 钻井防喷器剪切闸板以下本体是共用井屏障部件 |

注：（1）由于井内欠平衡，所以存在共用井屏障部件。
（2）正常情况下应关半封闸板；达到使用剪切闸板条件时，应关闭剪切闸板。

图 5-5 欠平衡钻井（可剪切）井屏障示意图

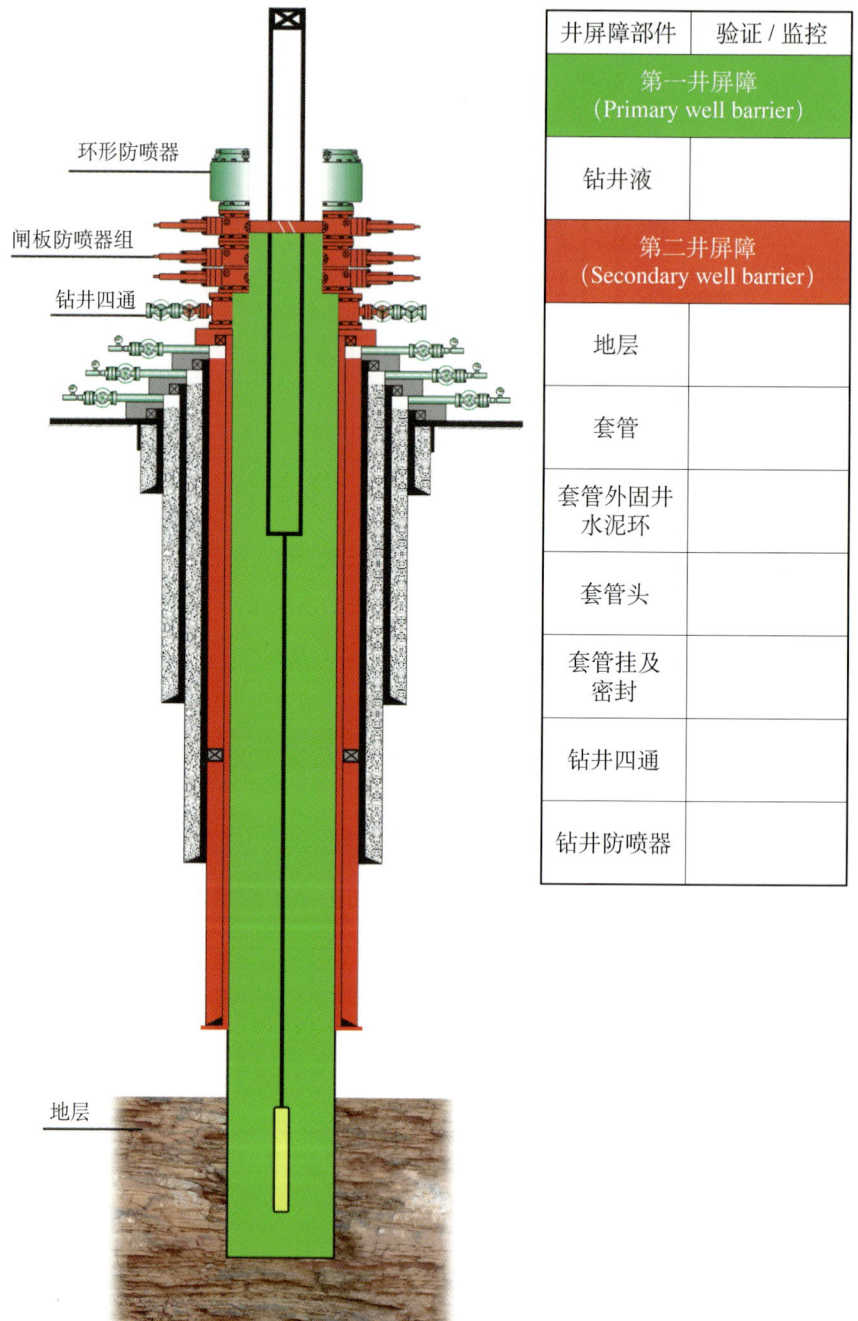

图 5-6　测井（可剪切）井屏障示意图

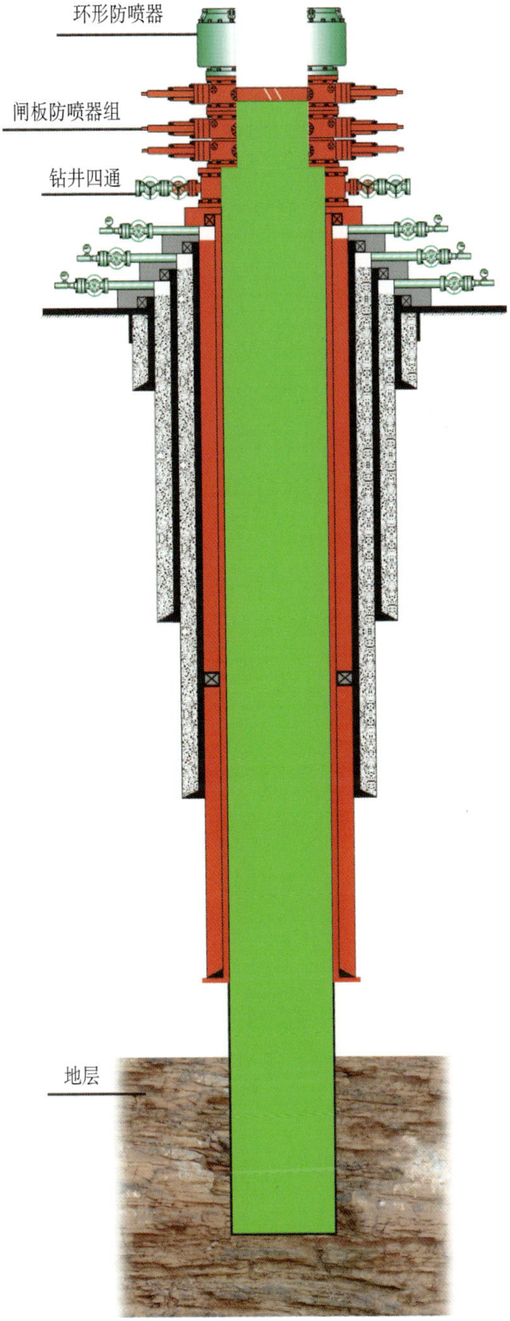

| 井屏障部件 | 验证/监控 |
|---|---|
| 第一井屏障<br>(Primary well barrier) | |
| 钻井液 | |
| 第二井屏障<br>(Secondary well barrier) | |
| 地层 | |
| 套管 | |
| 套管外固井水泥环 | |
| 套管头 | |
| 套管挂及密封 | |
| 钻井四通 | |
| 钻井防喷器 | |

图 5-7　空井状态下的井屏障示意图

## 5.3　井屏障部件

本节主要包括钻井期间与井完整性相关的要求和其他安全操作指南，重点介绍钻井期间井屏障部件的设计、测试和监控要求，以建立有效的井屏障。

### 5.3.1　钻井液

钻井液作为井屏障部件，在井筒内形成的液柱压力能阻止地层流体侵入井筒。

#### 5.3.1.1　设计

设计前应充分了解地层条件和钻井需求，主要依据 Q/SY 1661《钻井液设计规范》、SY/T 6426《钻井井控技术规程》等标准规范，高温高压井钻井液性能须满足以下要求：

（1）确定合理的钻井液密度，确保液柱形成有效的井屏障。

①钻井液密度应按当量密度附加，气井 $0.07 \sim 0.15 \mathrm{g/cm}^3$、油/水井 $0.05 \sim 0.10 \mathrm{g/cm}^3$；或按压力值附加，气井 $3.0 \sim 5.0 \mathrm{MPa}$、油/水井 $1.5 \sim 3.5 \mathrm{MPa}$。

②对于高含硫地层，应按上限进行密度附加。

③对于易塌地层，应根据坍塌压力，结合地层破裂（漏失）压力，合理确定钻井液密度。

④对于压力敏感性地层，以平衡地层压力原则，合理确定钻井液密度。

⑤对于实施控压钻井等特殊工艺的井，以能够和井口装置一起建立有效井屏障的原则，合理确定钻井液密度。

（2）高温高压井钻井液基本性能要求。

①良好的流变性能，能有效降低抽汲/激动压力，降低循环压耗。

②良好的高温稳定性，应充分考虑温度对密度、黏度的影响，宜绘制温度—密度关系图版，方便现场操作。

③良好的抗污染能力，有效降低地层水、水泥浆等污染。

④高密度钻井液应具备良好的悬浮稳定性，加重剂选用应

考虑对管柱、管线的磨损和冲蚀。

（3）特殊层段钻井液要求。

①对于高含硫井，要明确除硫剂品种及用量；维持pH值为9.5～11，并监测钻井液中除硫剂的残留量。

②在盐岩层、钾盐层、复合盐岩层或石膏层，宜使用盐水钻井液或油基钻井液，密度应能有效抑制缩径，油基钻井液应具备良好的电稳定性，并维持适当的碱度。

③钻遇高压水层，应进行测压，采取提密度、控压等措施压稳。

④对于易漏地层，根据地层漏失特点选择合理的防漏堵漏材料和堵漏方式。

⑤小井眼段、窄密度窗口井段，可使用随钻测压（PWD）技术实时优化水力参数，降低压耗和抽汲/激动效应。

#### 5.3.1.2 测试和监控

在使用前应测定钻井液主要性能参数，确保符合设计要求。在作业过程中应做好监测工作。

（1）按相关井控规定储备足量的加重钻井液、加重材料及处理剂。

（2）落实坐岗制度，做好循环罐液面监测；在易漏高风险地层钻进，宜安装环空液面监测仪。

（3）发现溢流立即关井，怀疑溢流关井检查。

（4）每12h测钻井液全套性能；油气层钻进除综合录井自动记录外，每15min人工测量一次黏度和进出口密度，发现异常加密测量。

（5）油气层应坚持短程起下钻检测油气上窜速度，起钻前应充分循环，进出口钻井液密度差不大于$0.02g/cm^3$。

### 5.3.2 地层

非渗透性的地层能作为井屏障部件，阻止地层流体侵入井筒或其他地层。

#### 5.3.2.1 设计

地层作为一个井屏障部件,须满足以下条件:
(1) 该地层为非渗透层。
(2) 远离裂缝或断层区域。
(3) 地层破裂压力大于最高作业压力。
(4) 水泥环或水泥塞胶结良好。

#### 5.3.2.2 测试和监控

应全面收集岩石性能参数,以确保钻井、生产/注入、弃井等阶段的井完整性。地层完整性的测试方法取决于测试目的。通常的测试方法见表 5-2。

表 5-2 确定地层完整性的方法

| 方法 | 目的 | 备注 |
| --- | --- | --- |
| 地层承压试验 | 确定地层能否承受指定压力 | |
| 地层破裂试验 | 获取地层破裂时承受的压力和漏失过程中的压力 | |

### 5.3.3 水泥环

水泥环作为井屏障部件,能阻止地层流体流动,并支撑套管。

#### 5.3.3.1 设计

固井作业设计的依据是中国工程 [2009] 247 号《中国石油集团固井技术规范》、油勘 [2016] 163 号股份公司固井技术规定《高压、酸性天然气井固井技术规范》。高温高压及高含硫井对提高水泥环胶结质量的基本要求如下:

(1) 各层套管水泥返高及水泥塞要求。

①各层套管水泥浆均返至井口,如未能达到要求,应进行补救或完整性评估。

②生产套管固井都应留有良好的底塞,推荐底塞高度为 50 ~ 100m。

③生产套管不使用分级箍。

④生产套管必须连续封固,不允许留密闭液体段。

（2）应采用平衡压力固井方法，保证返高和压稳，防止窜流。达不到要求的应采取但不限于以下技术措施：

①提高地层承压能力堵漏。

②环空憋压候凝。

③使用管外封隔器。

④多凝水泥浆。

⑤前置液和隔离液。

（3）应进行提高顶替效率的仿真模拟设计及采取提高固井质量的保证措施。

①套管居中设计及仿真模拟。

②"U"形管效应控制及设计仿真模拟。

③套管下入及摩阻模拟设计。

④前置液冲洗及顶替效率设计仿真模拟试验。

⑤水泥浆体系（包括前置、隔离液）的抗污染实验。

⑥油基钻井液固井使用专用冲洗隔离液（加入润湿反转剂），接触时间不少于 10min。

⑦良好的井眼质量和钻井液流动性能。

⑧控制油气上窜速度。

⑨可追溯的固井施工自动记录。

⑩生产套管固井宜使用批混装置。

（4）水泥浆及水泥石设计要求。

①生产套管水泥浆必须满足高温稳定性及防气窜的要求。

②膏盐层固井应使用盐水水泥浆或抗盐水泥浆。

③应开展改造作业和生产工况下的水泥石失效评价，并提出水泥石的力学性能要求。

④温度超过 110℃的井，水泥石强度具有抗高温衰退能力。

### 5.3.3.2 测试和监控

（1）按设计进行施工，水泥浆及水泥石达到质量要求，密度误差不超过 $\pm 0.02 \text{g/cm}^3$；排量达到施工设计要求，施工过程连续。

(2) 生产套管和技术套管须及时进行水泥胶结测井。目的层/储层上部井段连续 25m 以上优质胶结段。若水泥环既是第一井屏障又是第二井屏障的一部份，应有 2 段连续 25m 优质胶结段。

(3) 油气水层尾管固井钻塞中发现后效，宜进行验窜，找准泄漏点，并采取补救措施。

### 5.3.4 套管柱

套管柱是避免地层和井筒间流体互窜的井屏障部件之一，主要由套管、浮鞋、浮箍等组成。

#### 5.3.4.1 设计

套管柱设计主要参照 SY/T 5724《套管柱结构与强度设计》、SY/T 6268《套管和油管选用推荐作法》、SY/T 6417《套管、油管和钻杆使用性能》等标准规范。对于高温高压井及高含硫井，还应考虑以下因素：

(1) 套管选型设计。

①套管柱上所有部件均应通过 GB/T 21267《石油天然气工业 套管及油管螺纹连接试验程序》规定的等级试验。

②根据区域地质特点，应制订专门的套管订货技术条件。

③应考虑 $H_2S$、$CO_2$ 等酸性气体的影响。

④气井生产套管和最内层技术套管采用气密封扣。

⑤生产套管设计时应考虑井下安全阀安装要求。

⑥套管附件的材质、扣型和强度应与套管相匹配。

(2) 应对套管以下受力工况的载荷进行明确分析，并识别出套管柱的薄弱点。

①井涌允值。

②套管掏空情况。

③塑性地层（盐膏层、软泥岩等）。

④下套管的动态载荷。

⑤固井施工参数。

⑥套管试压情况。

⑦压井载荷［如压回法压井、油管传输射孔（TCP）］。

⑧生产管柱泄漏。

⑨密闭空间的温度效应。

⑩其他作业（如生产、压裂、射孔、注水等）。

(3) 高温高压井管柱强度设计应考虑螺纹密封因素，定向井、大位移井和水平井的管柱强度设计应考虑弯曲应力。

(4) 在膏盐层等塑性地层，该层段套管抗外挤载荷计算取上覆地层压力值，且该段高强度套管柱长度在膏盐层段上下至少附加 100m。

(5) 宜使用带顶部密封的尾管悬挂器。

(6) 应确定合理的设计安全系数。

①应考虑腐蚀、磨损、疲劳、弯曲、经济和井寿命等因素的影响。

②应考虑温度升高引起的管材强度降低。

③生产套管应考虑接头效率（拉伸与压缩），并与套管进行等强度设计。

④套管设计应进行抗外挤、抗内压、抗拉和三轴应力校核，推荐设计安全系数见表 5-3。

表 5-3 套管设计安全系数推荐表（套管本体）

| 参数 | 安全系数 | 备注 |
| --- | --- | --- |
| 抗内压 | 1.05～1.15 | |
| 抗外挤 | 1.00～1.125 | |
| 轴向力 | 1.6～2.0 | |
| 三轴 | 1.25 | |

注：特殊工艺井应考虑接头拉伸和压缩状况下的密封效率，按厂家提供的数据进行校核。

### 5.3.4.2 测试和监控

(1) 套管试压宜在注水泥碰压后立即进行，试压值为套管抗内压强度值、浮箍正向试验强度值和套管螺纹承压状态下剩余连接强度最小值三者中最低值的 55%，稳压 10min，无压降为合格。

（2）未碰压的井，试压不合格的井和尾管固井套管柱试压应在固井质量评价后进行。直径不大于 244.5mm 的套管柱试压值为 20MPa，直径大于 244.5mm 的套管柱试压值为 10MPa，稳压 30min，压降不大于 0.5MPa 为合格。

（3）试压值应考虑套管磨损情况，并对磨损进行检测和评估；若软件模拟结果超过了允许值，根据需要进行测井评估。

### 5.3.5 套管头

套管头及四通、升高短节、转换法兰是套管与防喷器组合之间的重要连接部件。套管头下端用于悬挂套管，并且密封套管环形空间，其上端用于连接井口防喷器等设备。

#### 5.3.5.1 设计

套管头设计执行 GB/T 22513《石油天然气工业 钻井和采油设备井口装置和采油树》、SY/T 6789《套管头使用规范》等标准规范。套管头选用基本要求如下：

（1）各开次套管头的额定工作压力应大于最大关井压力，并考虑一定的安全余量。

（2）应根据酸性介质含量选用相应材质的套管头。

（3）每级套管头应带压力表和旁通阀。

（4）套管头应由专业队伍安装、试压，每次安装后应使用防磨套，并制订检查、更换的操作程序。

（5）套管头应满足各开次内控管线能够从钻机底座防喷管线出口平直接出。

#### 5.3.5.2 测试和监控

（1）送井前，套管头应按额定工作压力试压。

（2）套管头安装后需进行注塑试压，试压值按该层套管抗外挤强度的 80% 和法兰额定工作压力两者较小值进行。

（3）按照厂家推荐作法对套管头、四通等部件进行定期维护。

（4）钻井作业过程中应监测各环空的压力情况。

（5）在生产过程中，套管头应和井下安全阀、采油（气）树一起定期进行测试。

### 5.3.6 套管挂

套管挂用来悬挂套管柱，防止套管和环空之间的泄漏。

#### 5.3.6.1 设计

套管挂及其密封总成的主要设计依据参照 SY/T 6789《套管头使用规范》等标准，基本要求如下。

（1）高温高压气井优先选用金属密封的芯轴式悬挂器。

（2）套管挂材质与套管头相匹配，螺纹类型与套管保持一致。

（3）套管挂安装前，应使用防磨套对套管挂密封区进行保护。

（4）套管挂应当采用顶丝锁定，确保在正常作业和井控作业时的密封完整性，坐挂载荷应考虑温度效应。

#### 5.3.6.2 测试和监控

（1）套管挂安装完成后应注塑试压，试压值为套管抗外挤强度的 80% 与本次套管头下法兰额定强度二者间的较小值。

（2）应遵照制造商推荐的维护程序进行定期维护。

（3）应在井口各层套管头安装压力表，以监测密封状态。

### 5.3.7 防喷器

防喷器是用于钻井、试油、完井、修井等作业过程中关闭和密封井筒，防止井喷事故发生。

#### 5.3.7.1 设计

防喷器的设计依据各油田井控实施细则。高温高压及高含硫井防喷器基本要求如下：

（1）选择满足井控需要的井控装备，并明确井控装备的配套、安装和试压要求。

（2）各开次井控装备选择应与预计最大关井压力相匹配；

预探井目的层安装 70MPa 及以上压力等级的井控装备。

（3）最后一层技术套管固井后至完井应安装剪切闸板防喷器。应配齐环形、全封、剪切、半封闸板防喷器，根据需求可选用旋转控制头，并配齐相应的闸板芯子。

（4）应对防喷器配置进行风险评估。

（5）下套管前，应换装与套管尺寸相同的半封闸板；下尾管作业可不换装套管闸板，但应准备好相应防喷钻杆。

（6）当起下不可剪切部件时，应配备防喷单根或防喷立柱。

#### 5.3.7.2 测试和监控

（1）防喷器在车间及现场均应试压，由专业队伍负责，并提供自动记录生成的试压记录单备查。

（2）防喷器试压频率要求。

①从车间运往现场前。

②现场每次安装后。

③钻开油气层前，试压间隔已经超过 30 天。

④其他时间试压间隔已经超过 100 天，确因特殊情况可延迟 7 天。

⑤凡密封部位拆装后，应对所拆开的部位重新试压检验。

（3）在井控车间应进行低压密封试验，试压 1.4～2.1MPa，稳压时间不小于 10min，密封部位无渗漏，压降不大于 0.07MPa。

（4）现场用清水（冬季用防冻液体）对井控装备进行试压，外观无渗漏，压降不大于 0.7MPa 为合格。

①环形防喷器封钻杆试额定工作压力的 70%，稳压 30min。

②在不超过套管柱最小抗内压强度 80% 的前提下，闸板防喷器试额定工作压力，稳压 30min。

③旋转控制头试静压和旋转动压时，分别按其额定工作压力的 70% 试压，稳压 10min。

（5）防喷器控制系统现场安装调试完成后应对各液控管路进行 21MPa 压力检验（环形防喷器液控管路试 10.5MPa），稳压 10min，管路各处不渗不漏，压降不大于 0.7MPa 为合格。

（6）需要防冻保温包裹的井控装备，应在试压合格后进行。

### 5.3.8 井控管汇

井控管汇包括节流管汇、压井管汇、内控管线和放喷管线，主要用于节流、泄压、实施压井、吊灌钻井液以及放喷点火等。

#### 5.3.8.1 设计

井控管汇设计依据主要是各油田井控实施细则，高温高压及高含硫井基本要求如下：

（1）压井管汇、节流管汇高压区的压力级别应与闸板防喷器一致。

（2）高温高压井节流管汇备用一条节流控制通道，应安装远程操作节流阀。

（3）基于冲蚀和其他考虑，节流口的公称直径至少为 76.2mm，压井口的公称直径至少为 50.8mm。

（4）节流管汇仪表法兰上应预留套压传感器接口，安装相应量程的压力表及传感器。

（5）按标准使用放喷管线。

①出口应接至距井口 100m 以上的安全地带。

②含硫井采用抗硫材质。

③严格按照井控规定安装。

#### 5.3.8.2 测试和监控

（1）试压值与闸板防喷器相同；低压区部分按额定工作压力试压，稳压 30min。

（2）放喷管线均试压 10MPa，稳压 10min。

（3）反循环压井管线试压 25MPa，稳压 10min。

（4）每次试压或使用完要立即吹扫，液气分离器应及时排净钻井液，高密度压井结束应检查节流阀及下游冲蚀情况。

（5）根据需要对节流、压井管汇及内控管线采取防冻保温措施。

### 5.3.9 内防喷工具

钻具内防喷工具包括方钻杆上/下旋塞、顶驱旋塞、箭形止回阀、浮阀、防喷单根等。主要作用是防止钻井液沿钻柱水眼向上无控制运移。

#### 5.3.9.1 设计

钻具内防喷工具设计执行各油田井控实施细则、SY/T 6426《钻井井控技术规程》等标准规范，高温高压及高含硫井基本要求如下：

（1）钻井作业应安装方钻杆上/下旋塞或顶驱旋塞。

（2）钻柱中应按井控规定安装止回阀，安装位置宜靠近钻头。

（3）内防喷工具的压力等级一般不低于所使用的闸板防喷器。

（4）钻具止回阀的外径、强度应与相连接的钻具相匹配。

（5）钻台上应配备下旋塞、止回阀、防喷立柱或防喷单根；使用复合钻具时，应配齐与钻杆尺寸相符的内防喷工具。

#### 5.3.9.2 测试和监控

（1）应制订内防喷工具的现场维护、保养、操作程序，定期对内防喷工具检查、保养、更换。

①内防喷工具每使用 100 天必须进行探伤检测，旋塞、钻具止回阀、浮阀每使用 100 天必须进行试压检验。

②方钻杆上、下旋塞正常作业过程中每班开关活动旋塞 1 次，每 15 天内对旋塞试压检查一次，试压值 20MPa，稳压 5min，压降小于 0.7MPa。

（2）内防喷工具的强制报废时限。

①方钻杆上旋塞和液压顶驱旋塞累计旋转时间达到 2000 小时。

②顶驱手动上旋塞累计旋转时间达到 1500 小时。

③下旋塞、钻具止回阀、浮阀累计旋转时间达到 800 小时。

## 5.4 钻井井控

### 5.4.1 溢流工况

表5-4列出了钻井作业中几种典型溢流工况，现场要明确关井操作岗位分工和关井操作程序。

表5-4 钻井作业的几种典型溢流工况

| 序号 | 描述 | 备注 |
| --- | --- | --- |
| 1 | 钻进发生溢流 | |
| 2 | 起下钻杆发生溢流 | |
| 3 | 起下钻铤发生溢流 | |
| 4 | 空井发生溢流 | |
| 5 | 下套管发生溢流 | |
| 6 | 电测期间发生溢流 | |

### 5.4.2 防喷演习

各油田应按井控实施细则规定，定期开展防喷演习（表5-5）。

表5-5 钻井作业典型的防喷演习

| 工况 | 频率 | 目的 |
| --- | --- | --- |
| 钻进 | 每周每班一次，2个月内4种工况都要演习 | 演练正常钻进关井程序 |
| 起下钻杆 | | 演练起下钻杆关井程序 |
| 起下钻铤 | | 演练起下钻铤关井程序 |
| 空井 | | 演练空井关井程序 |
| 防$H_2S$ | 在钻进可能含$H_2S$地层前 | 演练防$H_2S$应急程序 |

# 6 试油

本章主要包括试油期间与井完整性相关的要求和其他安全操作指南，重点介绍试油期间井屏障部件的设计、测试和监控要求，确保建立有效的井屏障。

## 6.1 井屏障基本要求

试油期间的井屏障原则上应有两道井屏障，并且具备以下4种功能。

（1）试油管柱能够配合防喷器实现井筒的关闭。
（2）试油管柱能截断且能实现井筒的密封。
（3）能够进行循环压井作业。
（4）整个作业过程中试油管柱能够提供循环通道。

## 6.2 井屏障示意图

应使用井屏障示意图来描述试油作业过程中的第一井屏障和第二井屏障。表6-1列举了几种典型的试油作业工况下的井屏障示意图。具体绘制井屏障示意图时，需根据实际作业工况进行修订。

表6-1 试油作业的井屏障示意图

| 序号 | 试油作业工况 | 备注 | 参考 |
| --- | --- | --- | --- |
| 1 | 铣喇叭口/刮壁/通井/钻磨/打捞/下射孔管柱作业（可剪切） | 尾管固井完井 | 图6-1 |
| 2 | 铣喇叭口/刮壁/通井/钻磨/打捞/下射孔管柱作业（可剪切） | 裸眼完井 | 图6-2 |
| 3 | 铣喇叭口/刮壁/通井/钻磨/打捞/下射孔管柱作业（不可剪切） | 尾管固井完井 | 图6-3 |
| 4 | 铣喇叭口/刮壁/通井/钻磨/打捞/下射孔管柱作业（不可剪切） | 裸眼完井 | 图6-4 |
| 5 | 起射孔管柱（可剪切） | 尾管固井完井 | 图6-5 |
| 6 | 起射孔管柱（不可剪切） | 尾管固井完井 | 图6-6 |
| 7 | 起下试油管柱（可剪切） | 无 | 图6-7 |

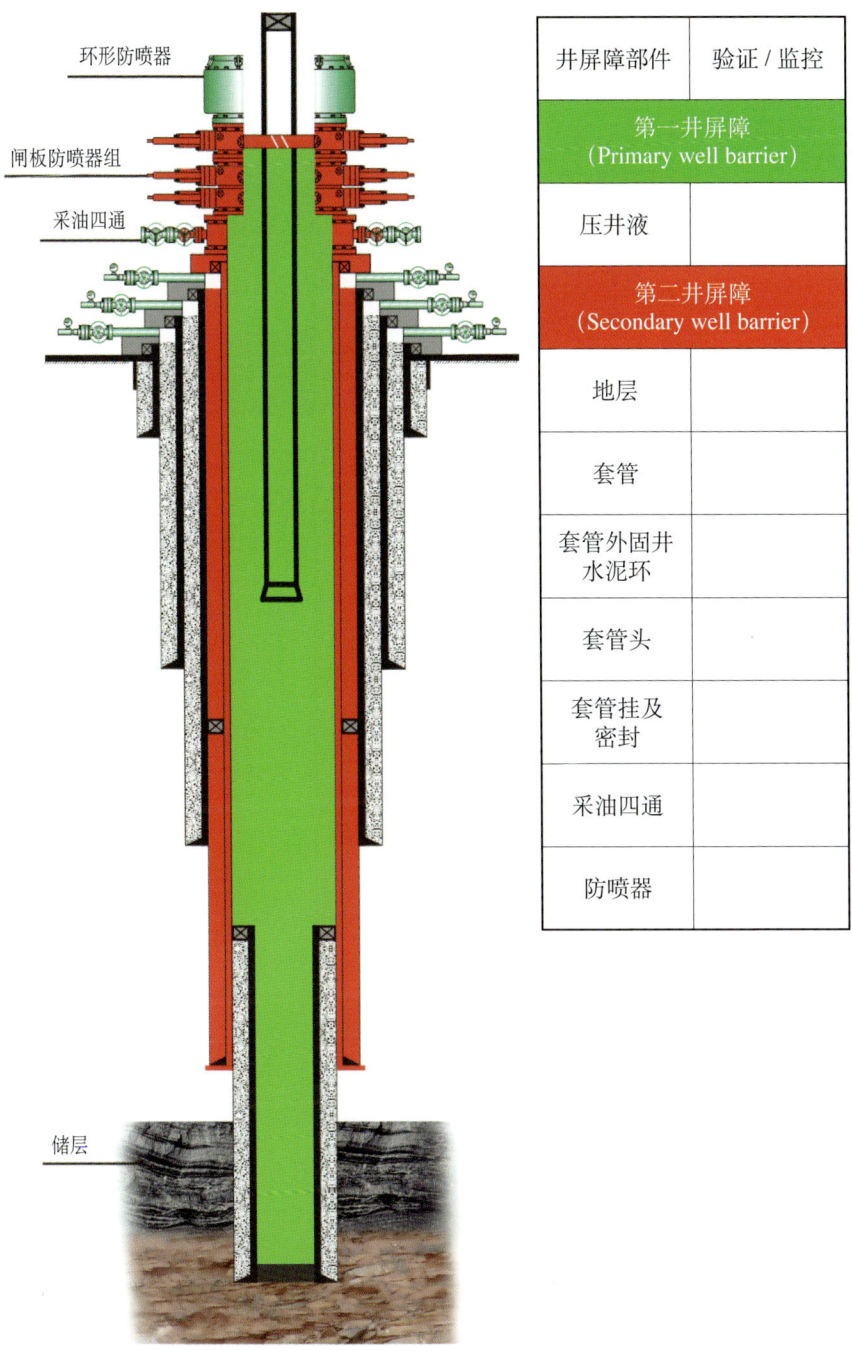

图 6-1 铣喇叭口/刮壁/通井/钻磨/打捞/下射孔管柱作业（可剪切，尾管固井完井）井屏障示意图

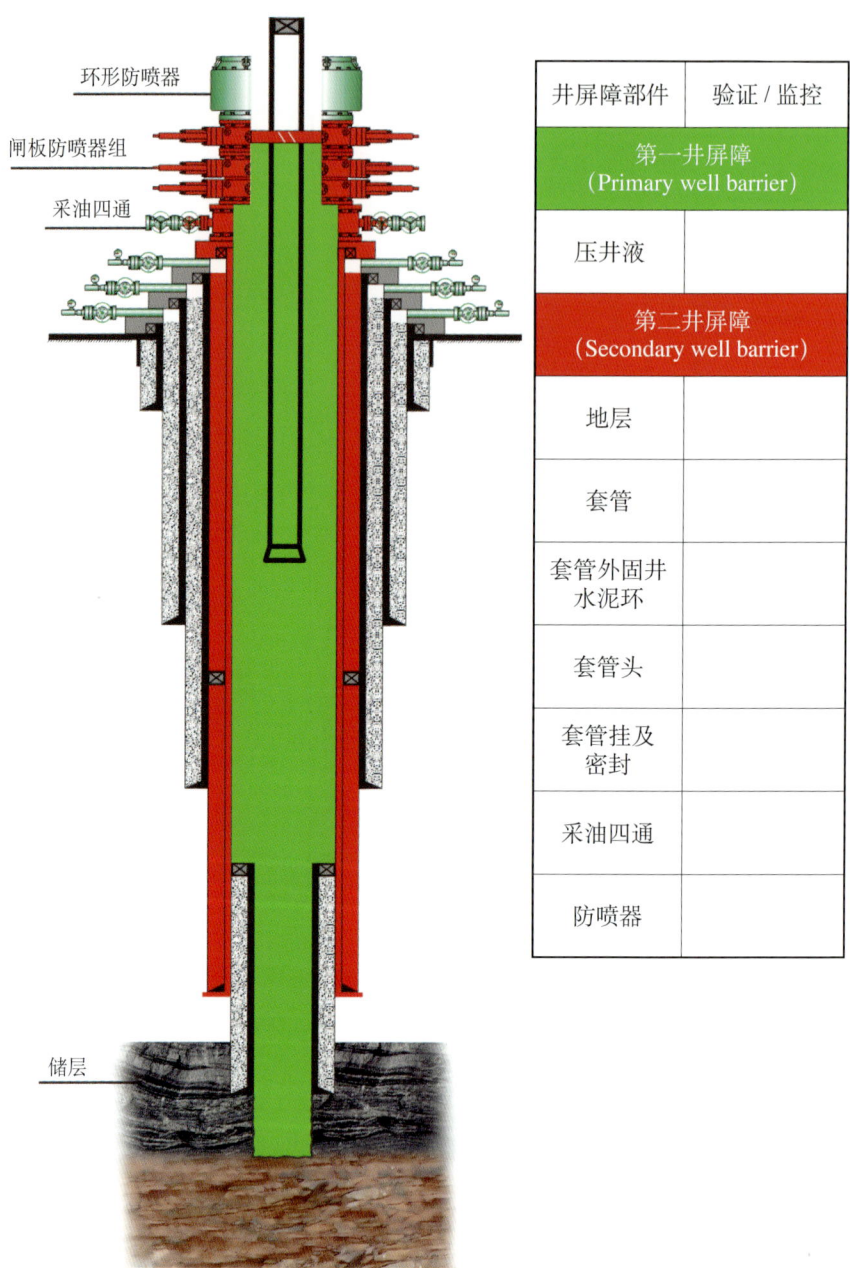

| 井屏障部件 | 验证/监控 |
|---|---|
| 第一井屏障<br>(Primary well barrier) | |
| 压井液 | |
| 第二井屏障<br>(Secondary well barrier) | |
| 地层 | |
| 套管 | |
| 套管外固井<br>水泥环 | |
| 套管头 | |
| 套管挂及<br>密封 | |
| 采油四通 | |
| 防喷器 | |

图 6-2　铣喇叭口/刮壁/通井/钻磨/打捞/下射孔管柱作业（可剪切，裸眼完井）井屏障示意图

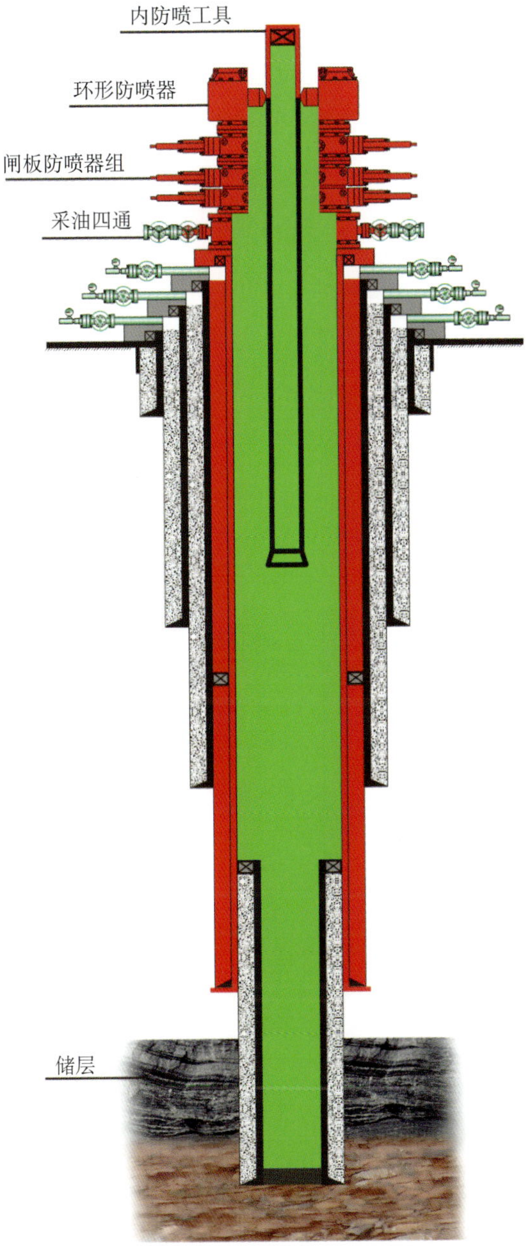

| 井屏障部件 | 验证/监控 |
|---|---|
| 第一井屏障<br>(Primary well barrier) | |
| 压井液 | |
| 第二井屏障<br>(Secondary well barrier) | |
| 地层 | |
| 套管 | |
| 套管外固井水泥环 | |
| 套管头 | |
| 套管挂及密封 | |
| 采油四通 | |
| 防喷器 | |
| 作业管柱 | |
| 内防喷工具 | |

图6-3 铣喇叭口/刮壁/通井/钻磨/打捞/下射孔管柱作业(不可剪切,尾管固井完井)井屏障示意图

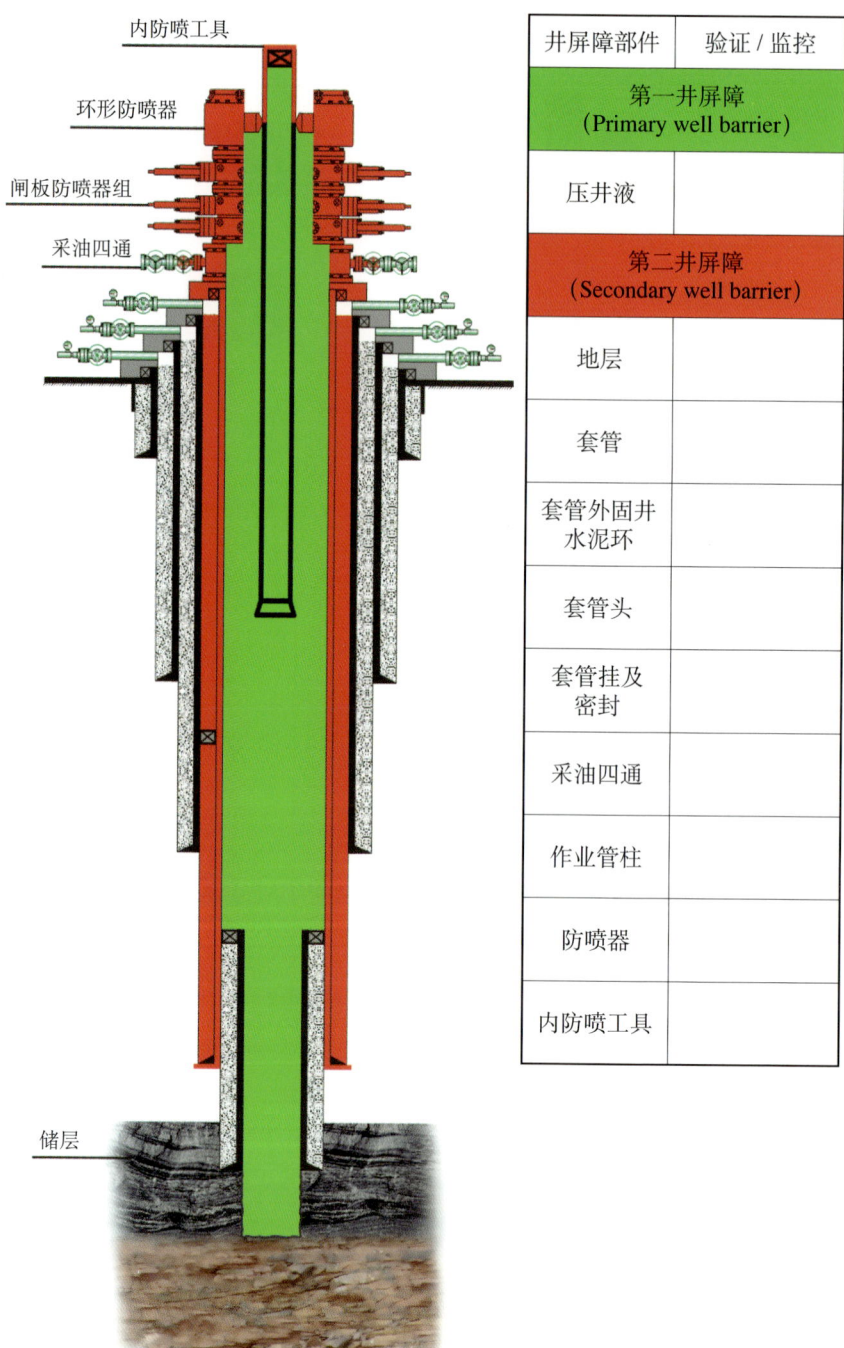

图 6-4 铣喇叭口/刮壁/通井/钻磨/打捞/下射孔管柱作业（不可剪切，裸眼完井）井屏障示意图

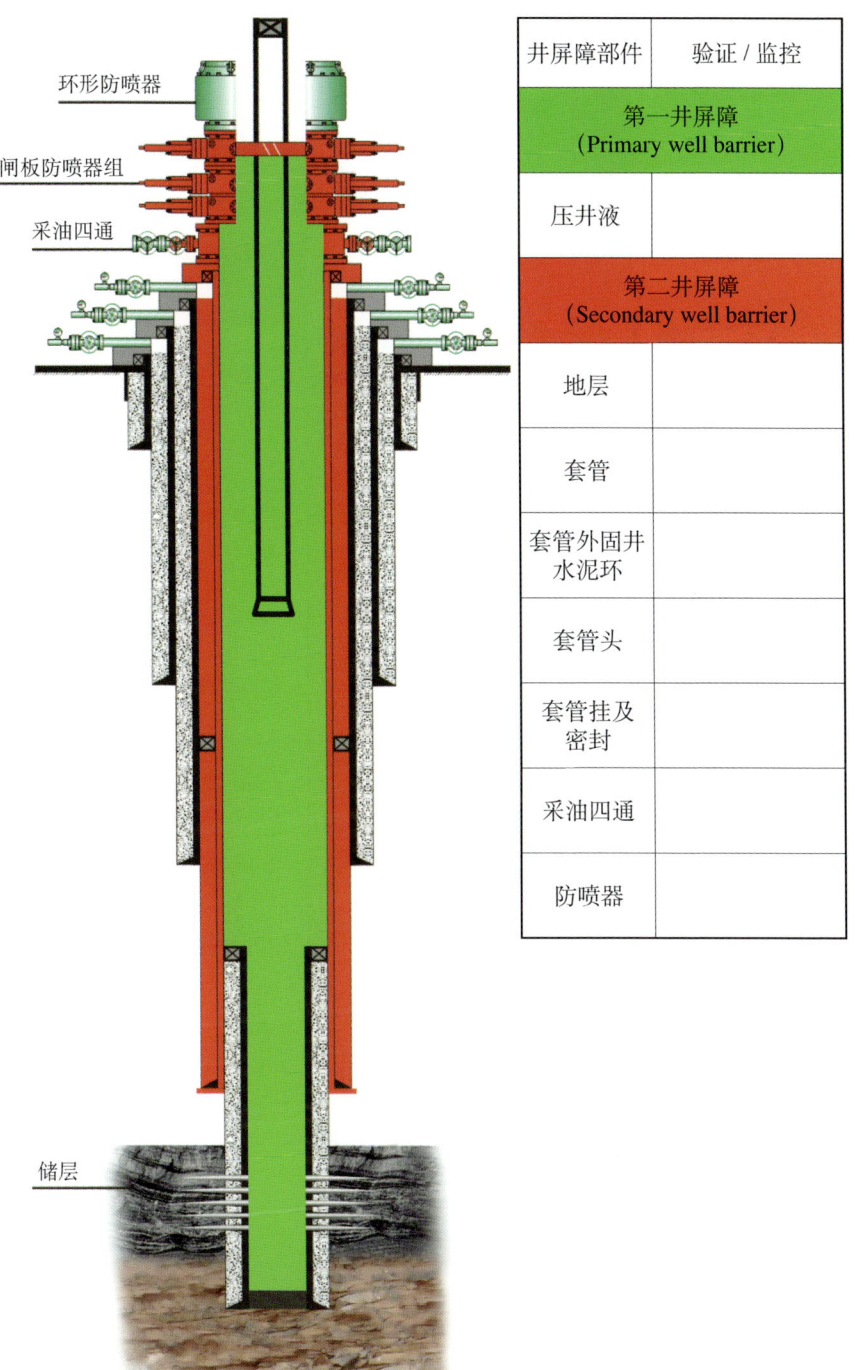

图 6-5 起射孔管柱（可剪切，尾管固井完井）井屏障示意图

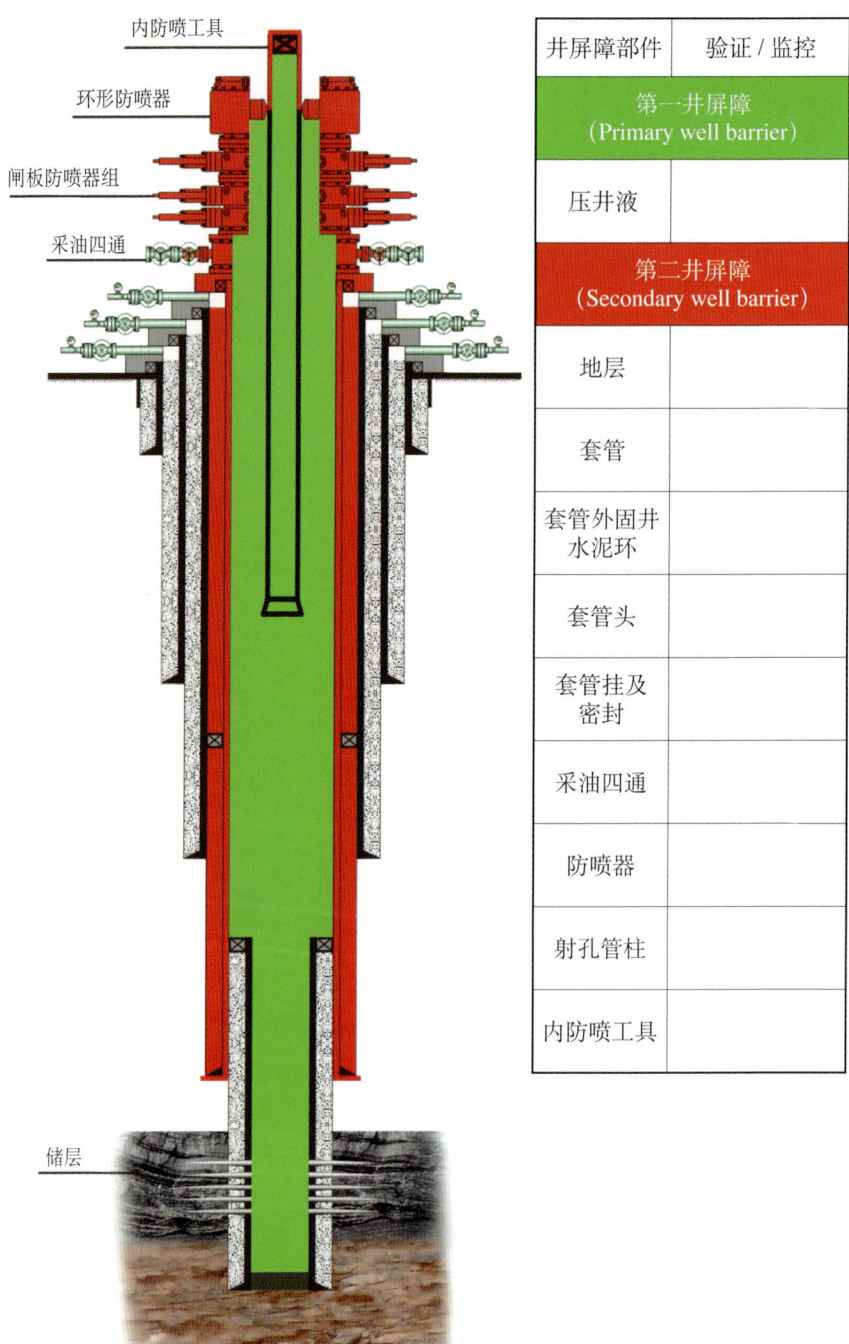

图 6-6 起射孔管柱（不可剪切，尾管固井完井）井屏障示意图

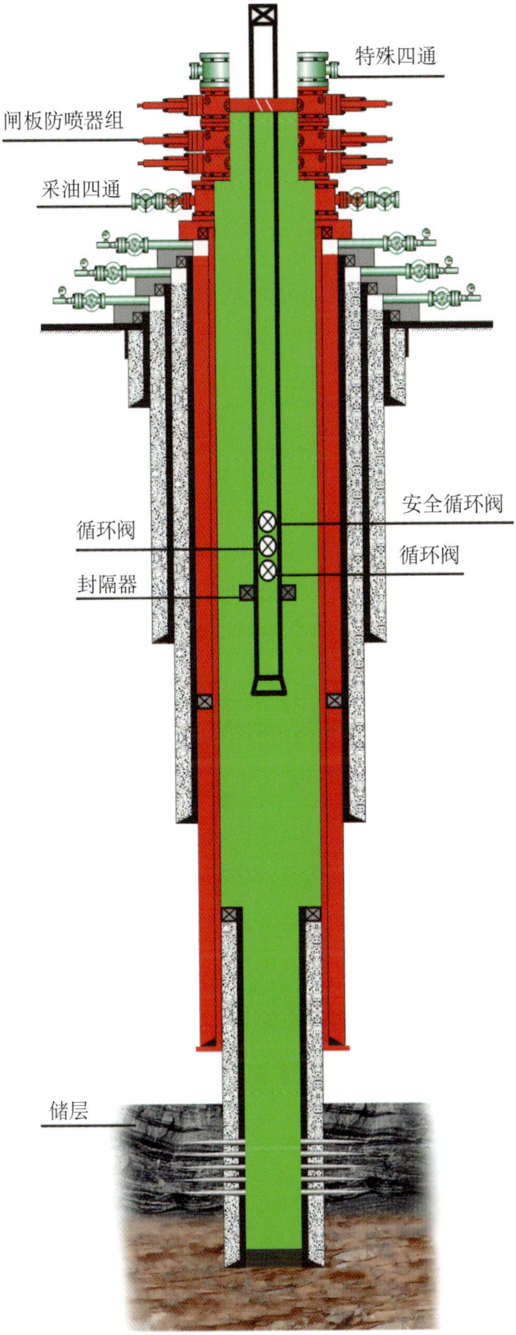

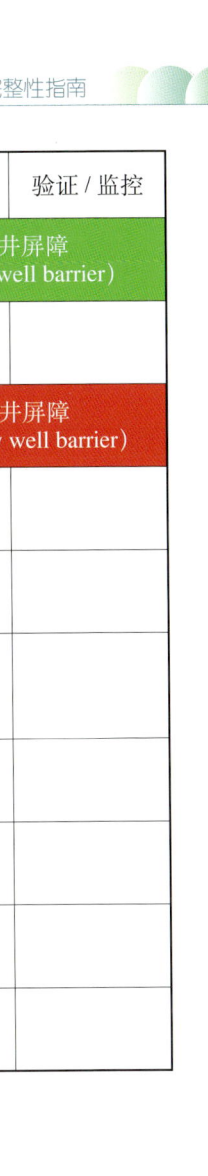

| 井屏障部件 | 验证/监控 |
|---|---|
| 第一井屏障 (Primary well barrier) | |
| 压井液 | |
| 第二井屏障 (Secondary well barrier) | |
| 地层 | |
| 套管 | |
| 套管外固井水泥环 | |
| 套管头 | |
| 套管挂及密封 | |
| 采油四通 | |
| 防喷器 | |

图 6-7 起下试油管柱（可剪切）井屏障示意图

## 6.3 井屏障部件

本节详细介绍了试油作业中的井屏障部件，其中包括前面章节没有涵盖到的井屏障部件的设计、测试和监控的推荐做法。

### 6.3.1 尾管管外封隔器

尾管管外封隔器的本体带有坐封时可激活的环空密封部件，它的主要作用是密封套管和尾管之间的环空，并能承受来自上部和下部的压力。

尾管管外封隔器如果作为井屏障部件，也应符合以下设计、测试和监控要求。

#### 6.3.1.1 设计

尾管管外封隔器是试油作业中的井屏障部件，必须满足以下设计要求。

（1）如果尾管管外封隔器的坐封位置下部有含气地层，则必须依据 GB/T 20970《石油天然气工业　井下工具　封隔器和桥塞》标准 V3—V0 气密封等级进行试压和验证。

（2）尾管管外封隔器必须按照整个服役过程中所需承受的最大压差和最高井底温度进行设计。除此之外在封隔器使用寿命设计中应考虑地层流体、$H_2S$ 和 $CO_2$ 含量等其他因素的影响。

（3）由于井下温度变化、交变载荷导致的封隔器密封失效风险必须予以评估。

（4）尾管管外封隔器坐封位置应避开套管接箍。

（5）选用的尾管管外封隔器应具有避免提前坐封的功能，并且在坐封前能进行旋转。

#### 6.3.1.2 测试和监控

尾管管外封隔器坐封后，需从上部对其进行试压。试压值应取以下较小值：

（1）外层套管鞋处或潜在泄漏位置下部的地层破裂压力 + 7MPa。

（2）套管的试压值。

试油作业中，如果替液液体密度低于原钻井液密度，则在替液之前需要对尾管和尾管管外封隔器进行负压引流验窜，负压引流验窜应考虑以下问题：

（1）负压引流验窜应有一定的安全余量。一般引流的压力应比后期所替测试液静压低 3～20MPa，但应考虑套管和尾管外水泥环的承压能力。

（2）负压引流验窜时间至少 300min。

（3）负压引流验窜管柱推荐带井下压力计及井下测试阀精确测量压力的实时变化。

（4）负压引流验窜合格标准需要考虑温度效应。

当尾管管外封隔器安装在试油封隔器的上部时，其密封性能可以通过井口 A 环空压力来实时监控。

### 6.3.2　试油采油树

试油采油树（油管挂的设计测试和监控见 7.3.1）包含采油树本体、清蜡阀、主阀和翼阀，应至少具备以下功能：

（1）提供井内流体流动的通道，且能够通过关闭主阀或翼阀来关井。

（2）可进行压井作业。

（3）可进行绳缆或连续油管作业。

#### 6.3.2.1　设计

试油采油树设计的主要依据为 GB/T 22513《石油天然气工业　钻井和采油设备　井口装置和采油树》，其设计应满足以下要求：

（1）应配备液动安全阀，且具备远程控制功能。

（2）在压井管线上应安装单流阀，防止逆流。

（3）采油树的两翼均应预留连接压力和温度传感器的接口。

#### 6.3.2.2　测试和监控

采油树在送井前应在有资质的单位按照流体流动方向进行高低压试压，高压气井井口装置应进行气密封试压。低压试压值最高为 3.5MPa，高压试压值为额定工作压力。安装完成后按照预计的最大工作压力对采油树进行液体试压。气温低于 0℃时，应考虑选用防冻液体进行试压；条件具备时，还应进行气密封试压。

应对控制系统进行功能性测试，阀关闭时间不能超过 5s。

### 6.3.3 试油管柱

试油管柱主要包括油管（或钻杆）及其测试工具。试油管柱作为一个井屏障部件，其作用是提供地层流体到地面的流动通道。

#### 6.3.3.1 设计

试油管柱设计的主要依据为 SY/T 6581《高压油气井测试工艺技术规程》，其设计应满足以下要求：

（1）高压气井试油管柱部件（本体和接头）必须具备气密封功能，若使用常规钻杆测试应考虑其气密封的局限性。

（2）需计算试油管柱的工况载荷，依据最恶劣工况进行管柱应力分析，据此进行管柱配置。

（3）确定管柱的最薄弱点。

（4）需定义安全系数，在确定安全系数时，应考虑工况、温度、腐蚀、磨损、疲劳、弯曲和经济因素的影响。在试油设计中，管柱力学分析和强度校核应给出试油各工况下的油、套压控制参数。

（5）油管（或钻杆）选择还应考虑：

①所要承受的拉伸和压缩载荷。

②抗内压能力和抗挤毁能力。

③外径的间隙应考虑落鱼打捞的要求。

④管柱内的流速（包括压裂酸化工况）。

⑤流体中的腐蚀、冲蚀介质组分。

⑥抗弯曲能力。

⑦抗疲劳能力。

⑧管柱材料应适用于其所接触的地层流体或注入流体。

⑨温度效应导致的管材强度降低。

（6）钻台上应根据入井管串类型准备内防喷工具及与管串连接的变扣接头。

### 6.3.3.2 测试和监控

试油管柱应进行如下测试：

（1）入井前对试油管柱进行无损探伤。

（2）入井前对特殊螺纹接头进行检查。

（3）可以考虑开井测试前对试油管柱试压至预计的最大压力。

试油管柱的完整性应能通过井口 A 环空压力来实时监控。

### 6.3.4 试油封隔器

试油封隔器用于封隔地层和油套环空。

#### 6.3.4.1 设计

试油封隔器设计的主要依据为 GB/T 20970《石油天然气工业 井下工具 封隔器和桥塞》和 SY/T 6581《高压油气井测试工艺技术规程》，其设计应满足以下要求：

（1）封隔器可以坐封在尾管悬挂器上部，也可以坐封在尾管内。建议坐封位置尽量选择在尾管悬挂器上部，这样尾管与套管重合段的泄漏将不会影响井完整性。如果封隔器坐封在生产尾管悬挂器之下，尾管悬挂器应进行负压引流验窜。

（2）封隔器应能承受来自其上部和下部的压力。

（3）封隔器应能承受的最大压差选择以下计算中的最大值：

①封隔器以下井筒堵塞，井口压力很低，同时环空压力很高时的挤毁压力。

②最大储层压力（预测值）或注入时井底压力减去封隔器上部的静液柱压力。

③在油管泄漏情况下，最大压差等于井口关井压力加上环空静液柱压力，再减去储层压力。

④油管柱掏空时，最大压差为井下测试阀的开启压力加上

环空静液柱压力。

（4）应依照 GB/T 20970—2015 中所对应的等级要求，对试油封隔器进行入井前的地面测试。该测试应在未胶结固井的标准套管中进行。

（5）试油封隔器可以使用可取式封隔器，但应进行风险评估和失效模式分析。具备条件时建议使用永久式封隔器。

（6）对坐封位置处的套管应进行磨损评价和刮壁处理，确保试油封隔器在套管中的密封性。

#### 6.3.4.2 测试和监控

试油封隔器在坐封后应进行试压，试压值应考虑以下因素：

（1）试油封隔器在坐封后应进行试压，试压方法和试压值按工具的使用要求进行。

（2）试压值可以考虑正常生产或作业过程中可能承受的最大压差。

（3）试压值要考虑套管的抗内压强度和套管头的额定工作压力。

试油封隔器的密封性应能通过井口 A 环空压力来实时监控。

### 6.3.5 井下测试阀

井下测试阀安装在靠近试油封隔器的上部，其主要功能包含：

（1）可用来关井做地层压力恢复测试。

（2）可用来在紧急情况下实现井下关井。

（3）配合循环阀可实现循环压井。

（4）隔离试油管柱测试阀上下，可实现管柱内的液体密度不同于井眼内液体密度。

#### 6.3.5.1 设计

目前无井下测试阀设计相关的国标、行标和中石油内部文件，井下测试阀设计可参考 NORSOK–007 和 NORSOK D010

标准，其设计应满足以下要求：

（1）通常通过地面操作环空压力来控制测试阀。

（2）能够承受来自其上部和下部可能的最大压力，设计安全系数不低于试油管柱的整体设计安全系数。

#### 6.3.5.2 测试和监控

井下测试阀应在现场安装前按流动方向进行试压和功能测试，试压值为其额定工作压力，压力降至稳定后至少保持10min 不变，此时稳定后的压降值不超过试压值的 2%。

可通过油管的压力、液面、流体流动来监控阀的密封性能。

## 6.4 试油井控

依照各油田的井控实施细则进行井控管理。

## 6.5 应急关断系统

地面流程应安装紧急关断系统，用于防止油气的地面泄漏。该系统需做功能性测试，设计中应对该系统的控制内容和操作权限进行明确。

# 7 完井

本章主要包括完井期间与井完整性相关的要求和其他安全操作指南，重点介绍完井期间井屏障部件的设计、测试和监控要求，以建立有效的井屏障。

## 7.1 井屏障基本要求

完井期间原则上应有两道井屏障，并且满足以下要求：

（1）所有的井屏障部件必须能够承受环境载荷（温度、压力、化学腐蚀、应力腐蚀、机械磨损、冲蚀、振动等）。

（2）所有的生产井或注入井都必须安装采油树。

（3）满足以下两个条件之一的油气井，均应设计安装井下安全阀。

①产层压力不小于 70MPa，同时不注缓释剂和不采用化学或机械方式排水采气的井；

② $H_2S$ 含量大于 $30g/m^3$，同时定产气量大于 $20×10^4 m^3/d$，不注缓释剂和不采用化学或机械方式排水采气措施的井。

（4）其他高压井、含硫气井、注缓释剂井、采用化学或机械方式排水采气措施井应根据地质和工艺等条件，分析论证是否安装井下安全阀。

（5）高压油气井、高含硫井必须使用生产封隔器，但需采用机械方式排水采气等措施的井，可根据地质和工艺等条件，分析论证是否安装生产封隔器。

（6）环空隔离液必须对其接触的井屏障部件具有兼容性。

（7）油管挂内必须有与背压阀相匹配的螺纹。

（8）管柱设计应考虑能够安装油管内堵塞器。

（9）采油树上必须安装井口油压连续监控传感器，传感器的控制系统能够报警。

（10）采油树上应配备 A 环空压力连续监控传感器，该传感器（控制系统）能够设置安全操作压力范围，传感器的控制系统能够报警。

(11) 所有其他环空都必须安装压力表并确定安全操作压力范围。

(12) 完井设计中应考虑流动保障问题,如腐蚀、出砂、结蜡、结垢、冲蚀、单质硫沉积、水合物等。

## 7.2　井屏障示意图

应使用井屏障示意图来描述完井作业过程中的第一井屏障和第二井屏障。表 7-1 列举了几种典型的完井作业工况下的井屏障示意图。具体绘制井屏障示意图时,需根据实际作业工况进行修订。

表 7-1　完井作业的井屏障示意图

| 序号 | 描述 | 备注 | 参考 |
| --- | --- | --- | --- |
| 1 | 下完井管柱（可剪切） | 无 | 图 7-1 |
| 2 | 下完井管柱（不可剪切） | 无 | 图 7-2 |
| 3 | 换装井口（防喷器拆除后,采油树安装前） | 无 | 图 7-3 |
| 4 | 生产（封隔器坐封在尾管内） | 无 | 图 7-4 |
| 5 | 生产（封隔器坐封在尾管悬挂器上部） | 无 | 图 7-5 |

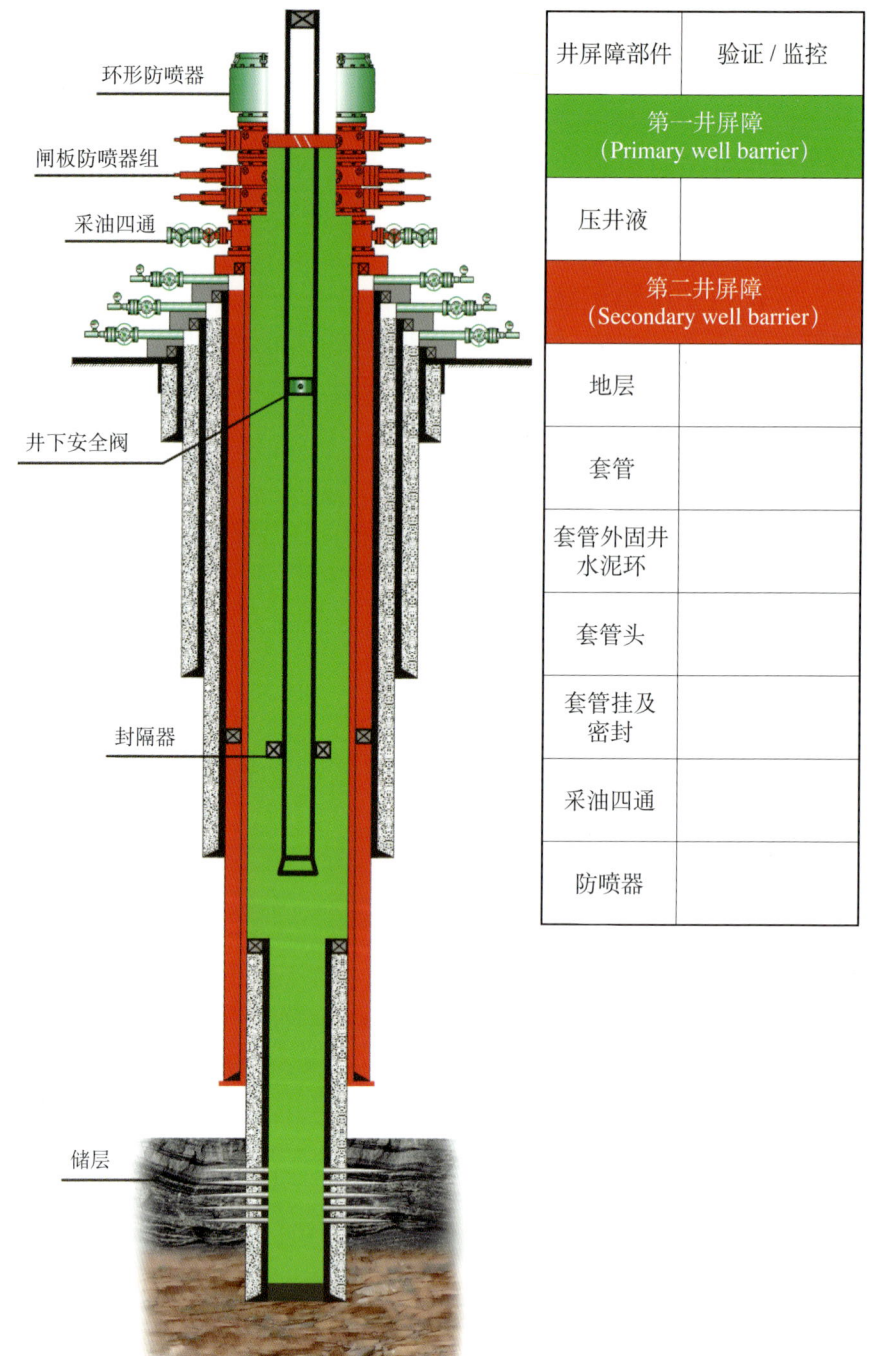

图 7-1 下完井管柱（可剪切）井屏障示意图

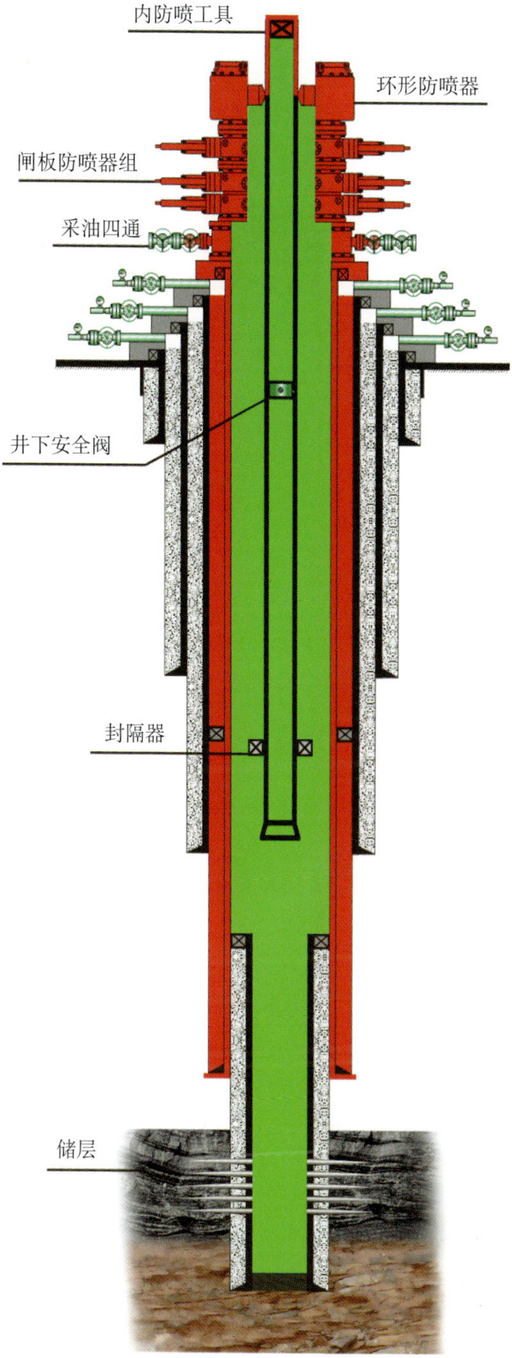

| 井屏障部件 | 验证/监控 |
|---|---|
| 第一井屏障<br>(Primary well barrier) | |
| 压井液 | |
| 第二井屏障<br>(Secondary well barrier) | |
| 地层 | |
| 套管 | |
| 套管外固井水泥环 | |
| 套管头 | |
| 套管挂及密封 | |
| 采油四通 | |
| 防喷器 | |
| 完井管柱 | |
| 内防喷工具 | |

图7-2 下完井管柱（不可剪切）井屏障示意图

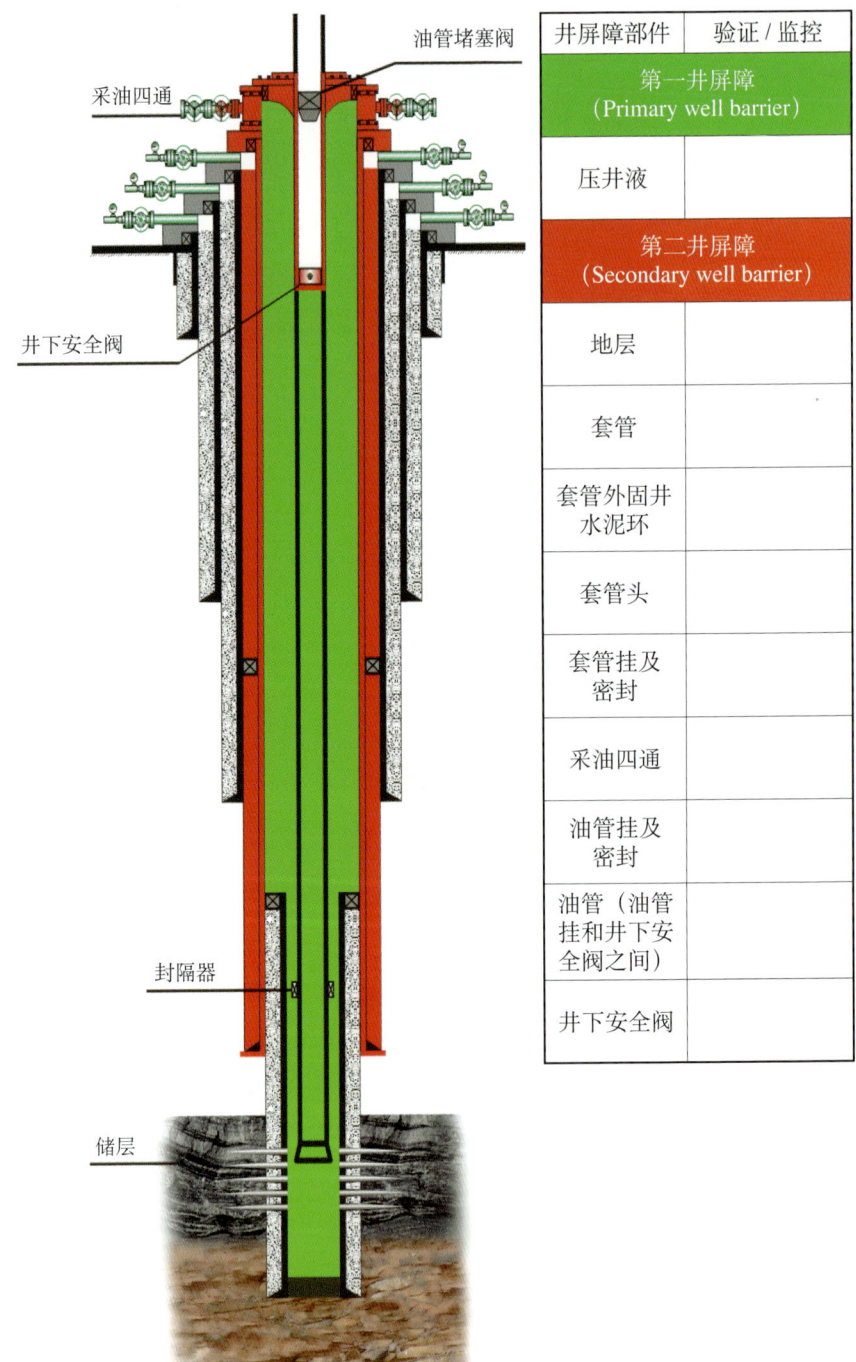

图 7-3 换装井口（防喷器拆除后，采油树安装前）
井屏障示意图

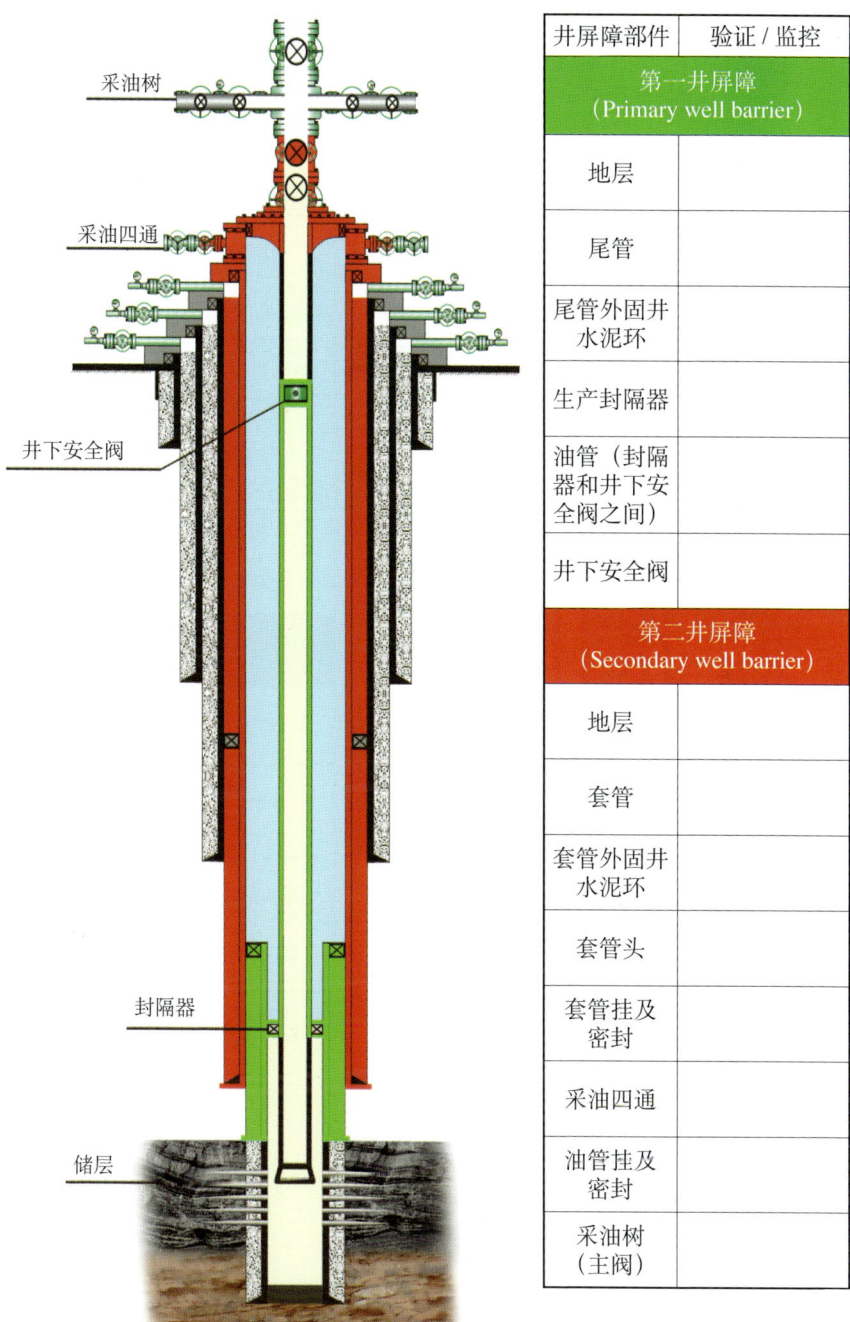

图7-4 生产（封隔器坐封在尾管内）井屏障示意图

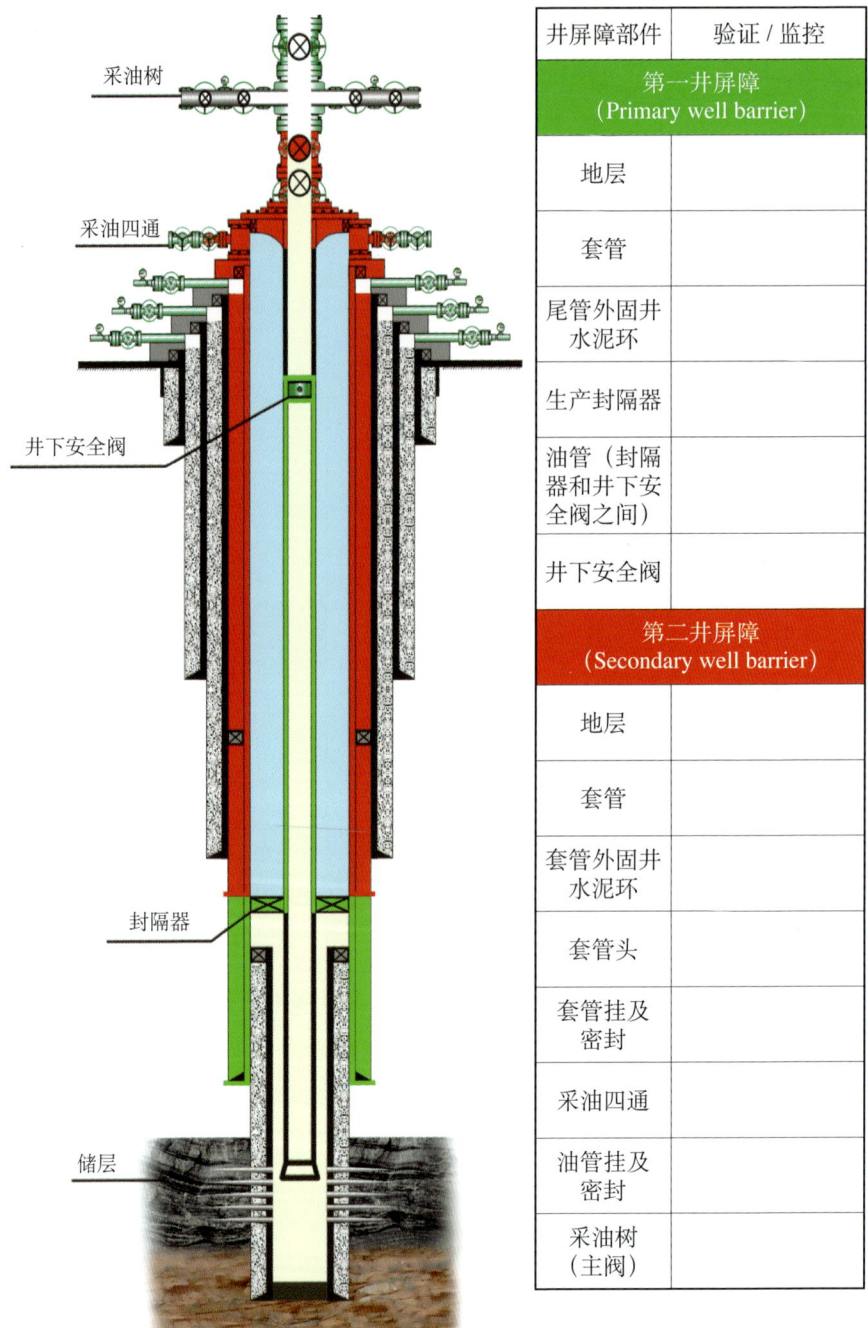

图 7-5 生产（封隔器坐封在尾管悬挂器上部）井屏障示意图

## 7.3 井屏障部件

本节详细介绍了完井作业过程中的井屏障部件，包括前面章节中没有涵盖到的井屏障部件的设计、测试和监控要求。

### 7.3.1 采油（气）井口装置

采油（气）井口装置主要用于控制生产阶段井内流体流动。

#### 7.3.1.1 设计

采油（气）井口装置设计的主要依据为 GB/T 22513《石油天然气工业 钻井和采油设备 井口装置和采油树》、GB/T 20972《石油天然气工业 油气开采中用于含硫化氢环境的材料》和中国石油油勘 [2009] 44 号《高温高压深层及含酸性介质气井完井投产技术要求》，其设计应满足以下要求：

（1）井口装置主要部件应满足 API PSL 3G 的技术规范要求。

（2）耐温级别的选择应考虑近 30 年内极端环境低温。

（3）采油（气）井口装置上应配备：

①在井的油气流动通道上至少安装一个液动安全阀。

②在清蜡阀门上方安装采油（气）树帽。

③根据需要配备控制管线的穿越孔，控制管线的穿越孔上应安装截止阀。

（4）采油（气）树的两翼均应预留安装压力和温度传感器的接口。

（5）所有主密封均应采用金属对金属密封。

（6）所有连接、阀本体等应具备防火能力。

（7）应能够承受各种工况下的动态和静态载荷，包括事故载荷、酸化压裂载荷等。

#### 7.3.1.2 测试和监控

采油（气）井口装置在送井前应在有资质的单位按照流体流动方向进行高低压试压，高压气井井口装置应进行气密封试压。低压试压值最高为 3.5MPa，高压试压值为额定工作压力。

采油（气）井口装置上的液动阀应进行功能测试，并且验证阀门在可接受的关闭时间内能否关闭。

采油（气）井口装置系统应定期按照厂家的维护保养程序进行维护。

采油（气）井口装置的完整性可以通过油压、A 环空压力（油表环空）来监测。

采油（气）井口装置安装完成后应进行试压，在生产阶段应定期进行试压，可以和井下安全阀一起进行，试压要求如下：

（1）压差。

阀门应该进行高压试压，高压试压值为最大工作压力。

（2）可接受泄漏率。

在有资质的检测机构测试过程中，阀门对液体和气体均不允许泄漏。在生产阶段的定期测试中，阀门试压应满足在 15min 内压降不超过试压值的 5%，否则应进行维修。

### 7.3.2 油管挂

油管挂的功能是悬挂油管及其所带工具串，同时防止油管和环空之间的泄漏。油管挂主要包括本体、密封、穿越通道、带有能放置背压阀的内腔等。

#### 7.3.2.1 设计

油管挂设计的主要依据为 GB/T 22513《石油天然气工业 钻井和采油设备 井口装置和采油树》和 GB/T 20174《石油天然气工业 钻井和采油设备 钻通设备》，其设计应满足以下要求：

（1）油管挂和井口之间的主要密封应是金属对金属密封，并且非金属密封作为辅助密封。

（2）油管挂的金属材料应适用于所处环境条件和各种应力工况。

（3）油管挂应采用顶丝锁定。

（4）特殊工况可以使用有限元分析方法验证工况条件是否超出油管挂的额定技术条件。

#### 7.3.2.2 测试和监控

油管挂安装后应对所有密封分段试压至额定工作压力。
油管挂的密封性应能通过井口 A 环空压力来实时监控。

### 7.3.3 油管柱

油管柱主要是由油管组成,除此之外还包含油管转换接头和其他部件。

#### 7.3.3.1 设计

油管柱设计的主要依据为 GB/T 19830《石油天然气工业 油气井套管或油管用钢管》、GB/T 17745《石油天然气工业 套管和油管的维护与使用》、GB/T 21267《石油天然气工业套管及油管螺纹连接试验程序》、SY/T 6268《套管和油管选用推荐作法》、SY/T 6417《套管、油管和钻杆使用性能》、Q/SY 1572.2《油井管技术条件 第 2 部分：油管》和中国石油油勘[2009]44 号《高温高压深层及含酸性介质气井完井投产技术要求》。其设计应满足以下要求：

（1）油管柱上所有部件（本体和接头）均应通过 GB/T 21267—2007 规定的 CAL III 或 CAL IV 等级试验。

（2）应对油管柱的工况载荷进行分析，油管柱上所有部件的设计载荷应不低于油管。

（3）应识别出油管柱上的最薄弱点并记录。

（4）需定义安全系数，在确定安全系数时，应考虑工况、温度、腐蚀、磨损、疲劳、弯曲和经济因素的影响。

（5）在选择油管时，还要考虑以下方面：
①所要承受的拉伸和压缩载荷。
②抗内压能力和抗挤毁能力。
③外径的间隙应考虑落鱼打捞的要求。
④油管内的流速（包括压裂酸化工况）。
⑤流体中的腐蚀、冲蚀介质组分。
⑥管件之间不同金属接触造成的电位腐蚀。

⑦抗弯曲能力。

⑧抗疲劳能力。

⑨油管材料应适用于其所接触的地层流体或注入流体（包括后期排水采气）。

⑩温度效应导致的管材强度降低。

### 7.3.3.2 测试和监控

油管柱可以考虑在安装完成后试压至预计的最大压力。

油管柱的完整性应能通过井口 A 环空压力来实时监控。

### 7.3.4 井下安全阀

井下安全阀是用来隔离完井管柱内的压力和流体的屏障部件，关闭后可以防止井内流体不可控溢至地面。

### 7.3.4.1 设计

井下安全阀设计的主要依据为 GB/T 28259《石油天然气工业 井下设备 井下安全阀》、GB/T 22342《石油天然气工业 井下安全阀系统》和中国石油油勘 [2009] 44 号《高温高压深层及含酸性介质气井完井投产技术要求》。其设计应满足以下要求：

（1）井下安全阀应设置在井口以下至少 50m 处。

（2）设置深度应根据井内的压力和温度来确定，并考虑水合物形成、结蜡、结垢等因素。

（3）应选用地面控制、具备故障自动关闭功能的井下安全阀。

（4）井下安全阀应满足作业工况及关井要求，不应成为完井管柱中的薄弱环节。

（5）井下安全阀阀瓣应使用金属对金属密封。

（6）井下安全阀可以承受井筒内流体的腐蚀和冲蚀。

### 7.3.4.2 测试和监控

井下安全阀的功能测试可以和紧急关断系统的测试一起进行，应建立井下安全阀功能测试的标准。

生产阶段的井下安全阀，应定期进行功能测试，可以和采油（气）井口装置试压同时进行，测试要求如下：

（1）功能测试频率。

①正常情况下每 6 个月进行一次功能测试。

②在绳缆或连续油管作业前后都应进行功能测试。

③在进行酸化或压裂排液后应进行功能测试。

④当暴露于高速流体或冲蚀性流体中时，应考虑增加功能测试频率。

（2）功能测试要求。

井下安全阀在安装完成后投入生产之前，需按照流动方向进行高低压测试和功能测试。

如果井下安全阀不能关闭或者有泄漏，应对井屏障的完整性状况进行风险评估，确定是否进行维护或维修。

### 7.3.5　生产封隔器

生产封隔器是用来封隔油套环空和地层流体的井屏障部件。生产封隔器应选择永久式封隔器，如果使用能够机械解封的永久式生产封隔器，下入的工具应不会损害其密封性能，也不会使其意外解封。生产封隔器应通过 GB/T 20970 规定的 V1 或 V0 等级测试；超高压气井生产封隔器应通过 V0 等级测试。

生产封隔器设计的主要依据为 GB/T 20970《石油天然气工业　井下工具　封隔器和桥塞》和中国石油油勘 [2009] 44 号《高温高压深层及含酸性介质气井完井投产技术要求》。其相应的其他设计和测试要求参见 6.3.2 试油封隔器。

### 7.4　完井井控

依照各油田的井控实施细则进行井控管理。

### 7.5　技术评估和确认

出现以下情况，应考虑对井下工具进行技术评估和确认：

（1）新的井况、超过设计温度和压力等。

（2）完井设计发生变更。

（3）流动保障条件发生变化。

（4）新技术的应用。

（5）行业中没有应用过的新井身结构。

建议采用 DNV 的推荐做法 A203"新技术的评估与确认"进行技术评估与确认。

# 8 生产

本章主要包括生产期间与井完整性相关的要求和其他安全操作指南,重点介绍如何通过正确的维护、测试、监控、操作和管理,使建立起来的井屏障部件长期安全、可靠、有效。

## 8.1 井屏障基本要求

生产期间应保证两道井屏障有效。原则上所有井屏障部件应定期进行测试和维护,确保其可靠性。

所有的油气井都应划分井完整性等级,具体划分方法参照3.5.1 节。

当任何一道井屏障发生退化或失效、环空压力出现异常或流体组分发生变化时,应重新进行井完整性评价和风险评估。

## 8.2 井屏障示意图

投产前应绘制生产阶段的井屏障示意图。如果井屏障部件的状态发生了任何改变或已失效,均应记录并重新绘制井屏障示意图。生产阶段典型的井屏障示意图见图 7-4 和图 7-5,在绘制井屏障示意图时,需根据实际生产情况进行修订。

## 8.3 井屏障部件测试和维护要求

井屏障部件的定期测试和维护,应考虑以下几个方面:
(1)建立测试和维护的程序、方法。
(2)每个井屏障部件应制订性能指标及评价标准。
(3)明确测试的合格标准。
(4)测试不合格或维护中发现偏差的处理措施。
(5)针对所有井屏障部件的测试和维护进行记录,并建立完整的档案。
①定期对油管挂进行试压。油管挂安装 1 年后再次进行试压,以后最长每 2 年试压一次。
②定期对采油(气)井口装置进行测试、维护。每季度进行一次维护保养。关井时间超过 6 个月,再次开井前应对采油

（气）井口装置重新进行试压。

③定期对井下安全阀和地面安全阀进行测试、维护。正常情况下每6个月进行一次功能测试。

## 8.4 完井投产时的井完整性要求

生产流程主要包括采油（气）井口系统、地面流程及放喷系统，投产前应检查生产流程中设备的状态。

投产前应检查井屏障部件测试记录，对不符合项按照第7章中井屏障部件测试要求进行补充测试。

投产前确定油套压力控制范围，并制订应急预案。

严格执行开井投产操作要求，投产时的监控记录主要包括以下几方面：

（1）开井前后油压变化情况。

（2）环空压力变化情况。

（3）井口温度变化情况。

（4）井口产出物情况（油、气、水、砂等）。

（5）环空泄压操作记录。

## 8.5 生产阶段的井完整性要求

整个生产过程应进行跟踪、监控，详细记录井的生产数据及操作记录。

### 8.5.1 测试和监控要求

整个生产过程的生产数据应进行实时监控并记录。主要考虑以下几个方面：

（1）井口油压和温度的变化。

（2）各环空压力的变化。

（3）井口产出物情况（油、气、水、砂等）。

（4）泄压、补压等操作记录。

在生产过程中若出现环空带压，应及时进行环空带压分析或诊断测试，通常考虑以下3个方面来判断环空带压类型：

（1）人工干预（完井期间环空预留压力，改造环空补压等）

导致的环空带压。

(2)温度效应导致的环空带压。

(3)井屏障出现问题导致的环空带压。

## 8.5.2 环空压力管理要求

应计算各环空最大许可压力值,如有需要还应对 A 环空需计算最小预留压力值,从而确定 A 环空压力操作范围。各环空压力操作范围应作为环空压力控制的基本依据。环空压力不能超出各环空压力操作范围,否则需进行泄压或补压操作。

环空压力监测系统应具备预警提示功能,警示生产操作人员。

应绘制井完整性示意及控制要点图版,并在井场悬挂,指导现场井完整性测试、维护和生产管理。图 8-1 为典型的井完整性示意及控制要点图版,具体绘制图版时,需根据实际情况进行修订。典型的井完整性示意及控制要点图版至少应包含以下内容:

(1)井屏障示意图。

(2)井潜在泄漏通道示意图。

(3)各环空压力控制范围图。

(4)井完整性风险等级划分。

(5)风险提示和操作建议。

## 8.5.3 流动保障

当出现以下问题时可能导致一个或多个井屏障部件发生退化或失效。

(1)出砂。

(2)结垢、结蜡。

(3)水窜、多相流、段塞流。

(4)冲蚀。

(5)内外部的腐蚀。

应考虑以上风险对阀门完整性的影响,确定是否需要增加阀门测试维护的频率。

如果存在腐蚀、冲蚀和出砂的风险，应对油管、采油（气）井口装置、地面流程的壁厚减薄量进行检测和计算，如果壁厚减薄量超出了设计标准，则应计算其剩余强度并对操作限制进行重新评估。

## 8.6 持续环空带压

持续环空带压是环空压力泄放后能在较短时间内恢复的环空带压，该压力不是因温度变化或人为施加引起的。

在建井阶段，保证良好的井筒质量（科学合理的设计，安全可靠的固井、完井、射孔、改造等施工作业）是预防持续环空带压最有效的方法。

在生产阶段，出现持续环空带压需采取必要的措施或手段来削减和控制风险。

对出现持续环空带压的井，应对所有的环空进行实时监控。

应保存环空压力数据和操作的历史记录，便于环空带压井的分析和评估。至少应对以下几个方面进行记录并保存：

（1）连续的环空压力数据。

（2）操作前后的环空压力。

（3）操作的时间和方法。

（4）流体类型。

（5）从环空中泄放或补充的流体量和流体性质。

（6）对其他环空和油管的压力影响情况。

若需要对环空进行泄压，应考虑以下几点：

（1）如果由于腐蚀和冲蚀原因导致持续环空带压，泄压操作有可能会使带压情况恶化。

（2）若泄压可能造成环空压力升高或环空内烃类流体量增加，则不能进行泄压。

（3）环空压力管理程序应进行优化，以减少泄压操作的次数和泄放的流体量。

（4）在环空泄压后应评估是否用流体将环空补满。

（5）当地面控制系统不能正常使用时，应建立起相应的操作应急预案。

对环空压力异常井进行分析时，重点考虑以下几个方面：

（1）如果环空压力出现异常，应分析压力异常的原因，同时还要评估泄漏的特点、原因、机理和位置。

（2）在评估泄漏途径和压力源时，通常采用排除法，也可以采用其他的方法进行评估。泄漏量的测量或估算对评估持续环空带压非常重要。

（3）在确定泄漏原因及可能产生的后果时，应尽可能对压力异常环空中流体的组分尤其是烃含量进行测定。另外，对存在$H_2S$、$CO_2$和放射性等特殊流体的情况，要评估持续环空带压恶化的风险。

（4）在确定井泄漏原因的基础上，需要对井屏障进行分析，确定可能的泄漏通道；结合已经确定的环空压力操作范围，评估目前的井屏障能否有效阻挡油气，分析可能产生的后果，进而综合评估井的风险。

对持续环空带压井管理，应确定持续环空带压的报警值和许可值。在对井泄漏的可能性和井的整体风险进行评估时，依据风险可接受准则，确定其风险是否可接受，并制订监控生产、修井等措施（按照井分级的要求处理）。

## 8.7 监控生产井的完整性要求

监控生产井是指根据井的分级管理可以通过采取措施后继续监控生产的井。对该类井除按照正常生产井要求录取相关生产资料和操作记录外，还需重点监控环空压力变化情况，并提出相应的针对性措施，主要包括以下几个方面：

（1）重新确定环空许可压力操作范围，并设定报警值。

（2）配备必要的泄压或补压装置。

（3）制订开井、关井工况下的处理措施来降低风险。

（4）安装环空紧急泄压管线。

（5）制订相应的应急预案。

## 8.8　井控

生产阶段应制订相应的应急预案。对于井屏障已退化或失效的井，在进行作业前应进行下一步操作的风险评估并做相应的应急预案。

## 8.9　文档记录

在生产阶段，文档记录应准确、及时更新和维护。需对以下文档进行保存：

（1）地质、钻井、试油、完井、修井等设计文件，建井的详细记录、施工操作记录、生产操作记录、环空压力异常生产井的处理方案及应急预案。

（2）施工操作记录包括：

①钻井期间的施工记录报告。

②试油期间的施工记录报告。

③完井期间的施工记录报告。

④修井作业期间的施工记录报告。

（3）生产操作记录包括：

①完井投产时的操作参数（持续监控）。

②正常生产期间的操作参数（持续监控）。

③环空带压井的压力测试，泄放物的检测、分析记录报告。

④井屏障部件维护和测试记录报告。

⑤修井期间所有的测试、检测记录报告。

# 9 井的移交

井的移交指井及其操作职责正式转移的过程。井的移交包含了交接验收的组织形式和程序及交接验收的内容等要求。

井的移交至少包括以下过程：

（1）从钻井移交至试油（或完井）。

（2）从试油（或完井）移交至生产。

（3）从生产移交至修井（或其他作业），然后再移交至生产。

（4）从生产移交至弃置。

## 9.1 组织形式和程序

以设计、合同等有关文件作为交接验收的依据。

主管部门负责牵头组织，由具有相关资质的人员负责准备、审查和接收井的移交文件。交接双方相关人员参与现场设备的检查、验收和交接，并进行签字确认。

## 9.2 移交文件

在井全生命周期内的不同阶段，应建立所需移交资料的档案，确保资料的可追溯性和完整性，至少包含以下移交信息和文件：

（1）井的基本信息。

①井号、地理位置、井别、井型、移交原因。

②开钻日期、完钻日期、完井日期。

③完钻井深（垂深和斜深）、完钻层位、完井方法。

④钻井队队号。

（2）钻井资料。

①井眼质量，包括井眼轨迹、井口地面坐标、最大全角变化率、水平位移、井眼扩大率、靶心距等。

②套管程序（深度、外径、壁厚、尺寸、质量、钢级和螺纹类型）。

③固井数据，包括每个套管柱内的水泥类型、水泥返高、泵入/返出量、扶正器数量和位置等。

④固井质量检测记录和套管气密封扣检测记录。

⑤环空液的类型、体积、密度和缓蚀剂类型。

⑥各环空压力记录。

⑦井口、套管、地层试压记录。

(3) 试油完井资料。

①射孔详细信息。

②油气藏信息。

③采油树和井口装置图纸，包括关键部件的制造商、阀门尺寸、类型、PSL等级、温度等级、阀门序列号、手动/液动、开关圈数、阀孔尺寸、压力等级、注脂类型、阀腔容积、试压证书等。

④井下安全阀数据，包括类型、材质、尺寸、等级、序列号、液压油类型和容积、信封曲线等。

⑤油管详细信息（尺寸、壁厚、螺纹、钢级、材质），接头和完井管柱部件（类型、型号、制造商、部件号、压力等级和螺纹类型）。

⑥采油树、完井管柱及部件试压记录，油管气密封扣检测记录。

(4) 井完整性信息。

①井屏障示意图，包括第一井屏障和第二井屏障的状态（需清晰的指出失效或退化井屏障），每个井屏障部件的深度、功能和测试记录（绘制要求参见2.3节）。

②井完整性状态分类（参见3.5节 井分类）。

③相关的风险评估报告（如HAZID、FMECA分析）。

(5) 操作条件。

①开关井程序，包括产量、温度、压力等详细信息。

②井流体组成和性质。

③腐蚀相关的信息，如$H_2S$、$CO_2$等含量。

④流动保障，如出砂、结蜡、结垢、水合物等信息。

⑤油管和环空操作限制，如各个环空的最大许可压力。

⑥所有井屏障部件的测试和基本要求。

（6）其他。

①钻井、试油（包括中途测试）、完井的设计、作业日志和井史。

②单项作业施工报告、总结。

③储层改造资料。

④不符合/观察项及其潜在风险和操作限制的识别。

在建井转生产阶段的初次移交时，交接资料还应参考SY/T 5678《钻井完井交接验收规则》。

## 9.3　现场检查

交接双方相关人员应参与现场检查，包括以下几个方面：

（1）设备按工艺设计要求安装齐全、牢固。

（2）安装的设备技术规格符合设计要求。

（3）确认各环空压力是否正常。

（4）井场现场平整整洁，场内无废料、杂物，环境保护符合合同要求。

# 10 井的暂闭/弃置作业

本章主要描述如何使用井屏障部件和其他相关要求来建立井屏障，隔离渗透性地层流体（如油气）对地下淡水或地表的污染，从而确保安全暂闭或弃置。具体包含：

（1）井的暂闭（如井作业或生产的暂停）。

（2）永久弃置（包含对井内某一层段的永久性弃置）。

## 10.1 井屏障基本要求

无论是暂闭还是永久弃置，均应遵循以下原则：

（1）所有井的暂闭和永久弃置设计中均应考虑所有潜在流入源。

（2）弃置井原则上应至少设置两道井屏障。

（3）如果井筒内不允许地层间窜流，则应设置一道井屏障来将其隔离。

### 10.1.1 暂闭井的井屏障要求

暂闭井分成需要监控和不需要监控的井，监控就是对井的第一井屏障和第二井屏障进行定期的跟踪和测试。

（1）对于需要监控的暂闭井，没有最长暂闭时间要求。

（2）对于不需要监控的暂闭井，建议井的暂闭时间最长为3年。

（3）对于暂闭井的设计，应满足后期作业的安全要求，如重新开井生产或进行永久弃置。

暂闭井通常只需建立临时井屏障，如经试压验证的桥塞或胶结良好的水泥塞等。若井筒内压井液可以定期监控并维持时，则压井液也可以作为一道临时井屏障。

### 10.1.2 永久弃置井的井屏障要求

永久弃置井应至少设置两道永久的井屏障。

第一井屏障应设置在整个潜在流动层或潜在流动层上端。如果第一井屏障部件（如水泥塞）设置位置明显高于潜在流动层，则该位置地层破裂压力应大于井内该处可能出现的最高压力。

第二井屏障是第一井屏障的备用，第二井屏障部件（如水泥塞）处的地层破裂压力应大于井内该处可能出现的最高压力。第二井屏障经验证合格，可以作为另外一个流动层的第一井屏障。

永久弃置井的井屏障应具有以下功能：

（1）长期的完整性。

（2）非渗透性。

（3）无收缩性。

（4）能够承受机械载荷和冲击。

（5）能耐受所接触的化学物质（$H_2S$、$CO_2$ 和烃类）。

（6）能与管材和地层胶结牢固。

（7）不会损坏所接触管材的完整性。

永久弃置井的封堵材料一般为水泥。对于所有的打水泥塞作业，建议在水泥塞下方设置支撑（如桥塞或高黏液），防止水泥浆下滑或凝固过程中发生气侵。

如果生产套管外的固井质量较差，推荐将水泥塞处的生产套管磨掉，再打入水泥塞，并对水泥塞进行验证。

对于永久弃置井，如果套管头和采油树等井口设备被移除，则应在井口安装第三个井屏障。

应在设计中充分考虑水泥塞的长期性能，永久弃置设计中还应充分考虑储层的压力变化、材料性能退化、环空流体中重组分的沉降、盖层封闭能力下降、尾管变形、温度效应、高温导致的固井水泥退化等问题。

## 10.2  井屏障示意图

应使用井屏障示意图来描述暂闭或永久弃置作业过程中的第一井屏障和第二井屏障。表10-1列举了7种典型的暂闭或永久弃置作业工况下的井屏障示意图。具体绘制井屏障示意图时，需根据实际作业工况进行修订。

表 10-1　暂闭或永久弃置的井屏障图

| 序号 | 描述 | 备注 | 参考 |
|---|---|---|---|
| 1 | 暂闭井（有尾管） | 无 | 图 10-1 |
| 2 | 暂闭井（无尾管） | 无 | 图 10-2 |
| 3 | 永久弃置井（有尾管） | 无 | 图 10-3 |
| 4 | 永久弃置井（无尾管） | 无 | 图 10-4 |
| 5 | 永久弃置井（有浅层气） | 无 | 图 10-5 |
| 6 | 永久弃置井（套管磨铣） | 无 | 图 10-6 |
| 7 | 永久弃置井（井口套管切割） | 无 | 图 10-7 |

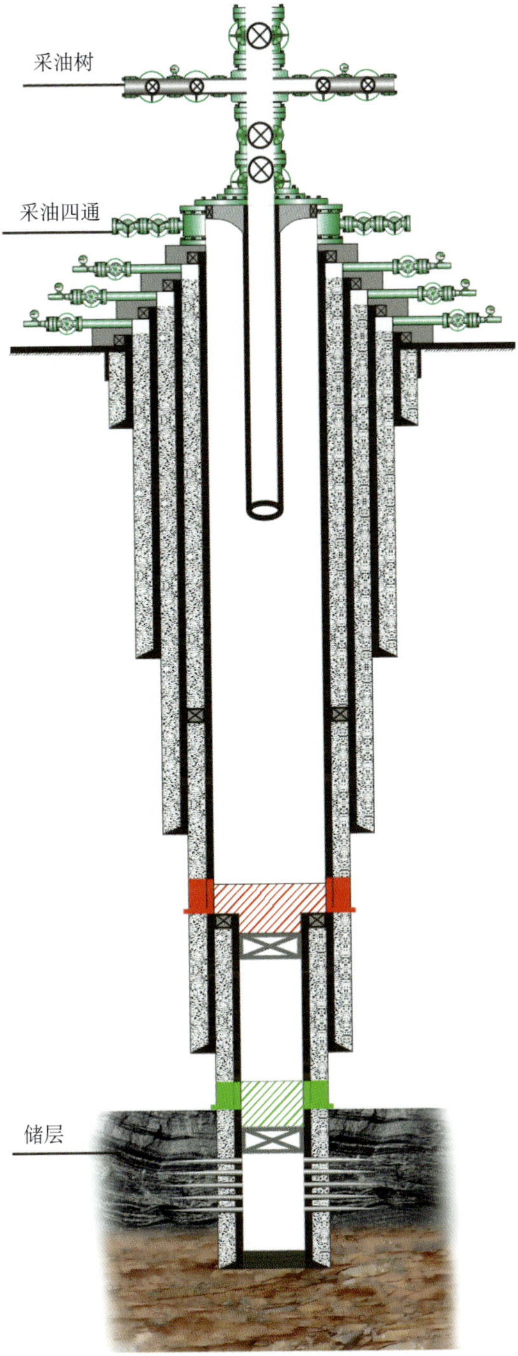

| 井屏障部件 | 验证/监控 |
|---|---|
| 第一井屏障<br>(Primary well barrier) | |
| 地层 | |
| 尾管外<br>水泥环 | |
| 尾管 | |
| 水泥塞 | |
| 第二井屏障<br>(Secondary well barrier) | |
| 地层 | |
| 套管外<br>水泥环 | |
| 套管 | |
| 水泥塞 | |

图 10-1 暂闭井（有尾管）井屏障示意图

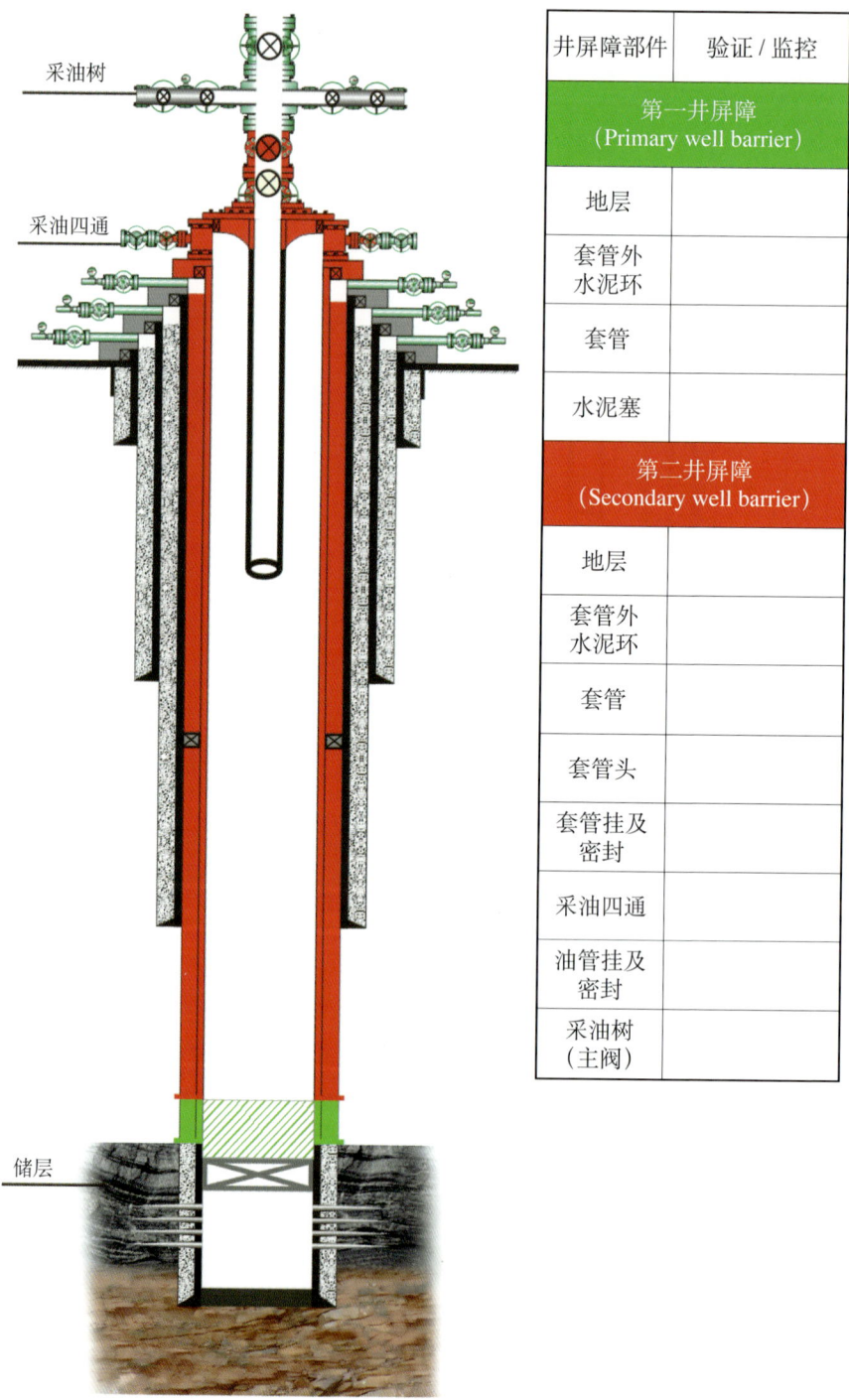

图 10-2 暂闭井（无尾管）井屏障示意图

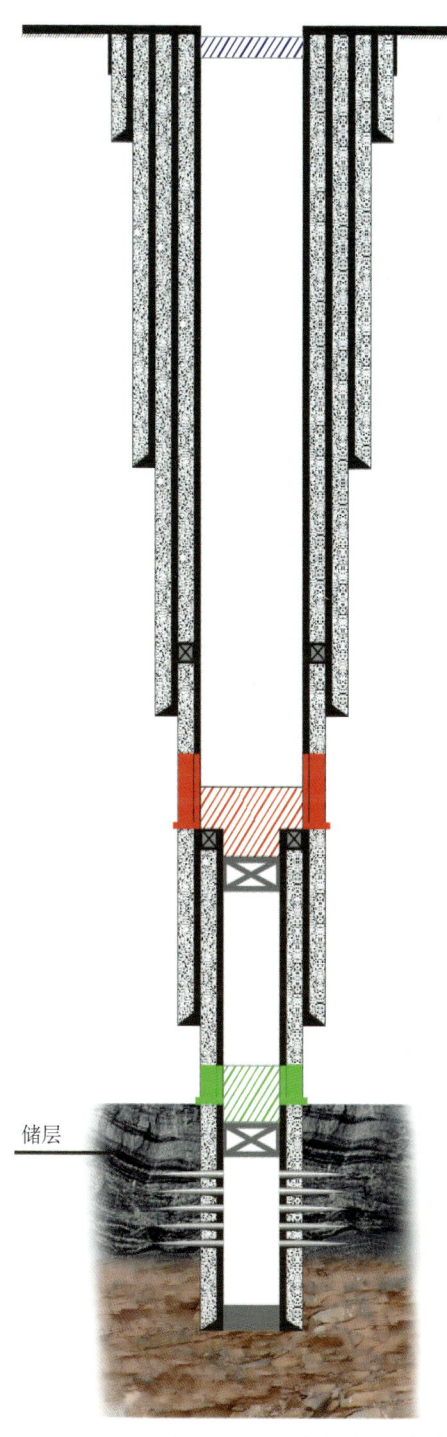

| 井屏障部件 | 验证/监控 |
|---|---|
| 第一井屏障<br>(Primary well barrier) | |
| 地层 | |
| 尾管外固井水泥环 | |
| 尾管 | |
| 水泥塞 | |
| 第二井屏障<br>(Secondary well barrier) | |
| 地层 | |
| 套管外固井水泥环 | |
| 套管 | |
| 水泥塞 | |

图 10-3　永久弃置井（有尾管）井屏障示意图

| 井屏障部件 | 验证/监控 |
|---|---|
| 第一井屏障<br>(Primary well barrier) | |
| 地层 | |
| 套管外固井水泥环 | |
| 套管 | |
| 水泥塞 | |
| 第二井屏障<br>(Secondary well barrier) | |
| 地层 | |
| 套管外固井水泥环 | |
| 套管 | |
| 水泥塞 | |

图 10-4　永久弃置井（无尾管）井屏障示意图

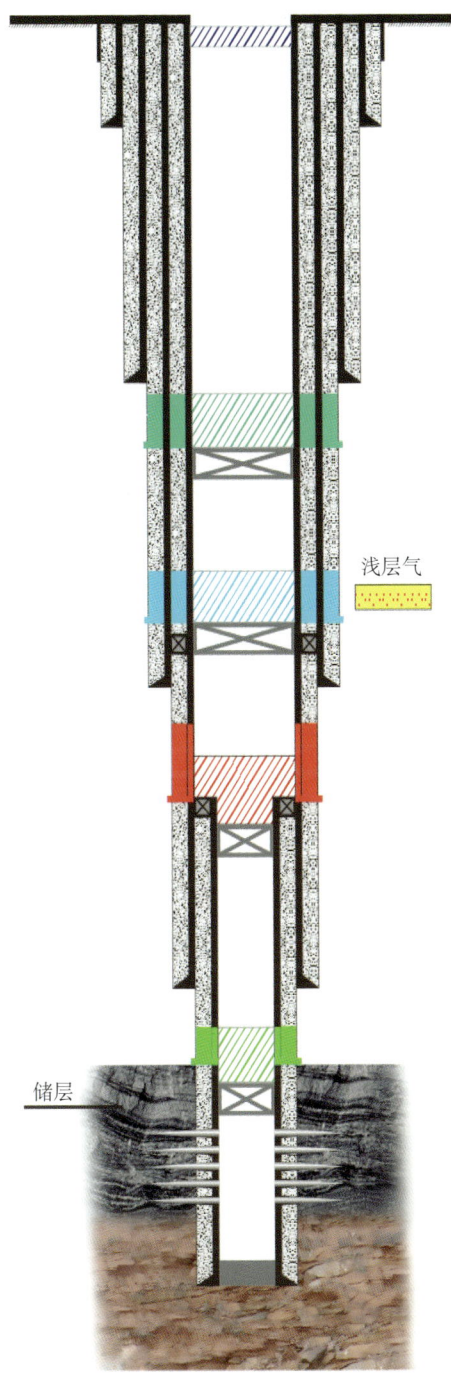
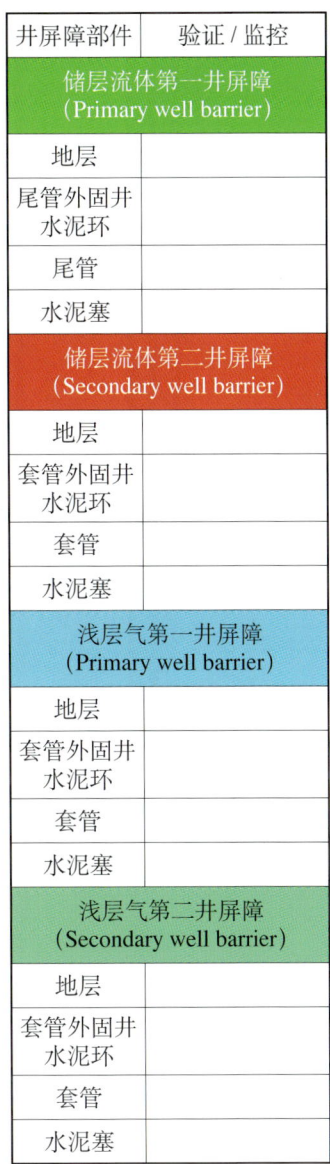

| 井屏障部件 | 验证/监控 |
|---|---|
| 储层流体第一井屏障 (Primary well barrier) | |
| 地层 | |
| 尾管外固井水泥环 | |
| 尾管 | |
| 水泥塞 | |
| 储层流体第二井屏障 (Secondary well barrier) | |
| 地层 | |
| 套管外固井水泥环 | |
| 套管 | |
| 水泥塞 | |
| 浅层气第一井屏障 (Primary well barrier) | |
| 地层 | |
| 套管外固井水泥环 | |
| 套管 | |
| 水泥塞 | |
| 浅层气第二井屏障 (Secondary well barrier) | |
| 地层 | |
| 套管外固井水泥环 | |
| 套管 | |
| 水泥塞 | |

图 10-5　永久弃置井（有浅层气）井屏障示意图

图 10−6 永久弃置井（套管磨铣）井屏障示意图

| 井屏障部件 | 验证/监控 |
|---|---|
| 第一井屏障<br>(Primary well barrier) | |
| 地层 | |
| 水泥塞 | |
| 第二井屏障<br>(Secondary well barrier) | |
| 地层 | |
| 套管外固井<br>水泥环 | |
| 套管 | |
| 水泥塞 | |

图 10-7　永久弃置井（井口套管切割）井屏障示意图

## 10.3 井屏障部件

本节详细介绍了暂闭和永久弃置作业过程中的井屏障部件，包括前面章节中没有涵盖到的井屏障部件的设计、测试和监控要求。

### 10.3.1 水泥塞

#### 10.3.1.1 设计

打水泥塞是井弃置作业的主要方法，对于水泥塞的详细要求和设计主要依据是中油工程［2009］247号《中国石油集团固井技术规范》、油勘［2016］163号股份公司固井技术规定《中国石油高压、酸性天然气井固井技术规范》和 SY/T 6646《废弃井及长停井处置指南》。其相关设计和测试要求如下：

（1）水泥塞下方应设置一道支撑（如桥塞或高黏隔离液），防止水泥浆下沉或凝固过程中发生气侵。

（2）如果水泥塞设置在套管内或尾管内，则应对水泥塞位置处的管外水泥环进行测试，且至少要有连续 50 m 测试合格的水泥环。如果套管或尾管外的固井质量不合格，应将水泥塞位置处的套管或尾管及其水泥环磨铣后再打水泥塞。

（3）对于关键部位的打水泥塞作业，应由专业的机构来设计和审核打水泥塞作业程序，并监督现场作业质量。

（4）水泥塞的长度应考虑水泥塞所处的位置（如射孔段上部、尾管上部、回接筒附近等），并满足相关标准或规范的要求。

①裸眼段水泥塞至少 100m，且在流动层以上至少 50m，可以作为一个井屏障。

②套管段内水泥塞至少 50m，可以作为一个井屏障。

（5）满足一定长度要求的连续的水泥塞，若打在一个已通过验证合格的支撑之上，可作为两道井屏障。

①裸眼段内一段连续的水泥塞长度至少 200m，且该水泥塞打在桥塞之上，并进入套管至少 50m，则该井屏障可以作为两道井屏障。

②套管段内一段连续的水泥塞长度至少 100m，且该水泥塞打在桥塞之上，则该井屏障可以作为两道井屏障。

#### 10.3.1.2　测试和监控

对于裸眼井段的水泥塞，应采用加钻压来探塞面。如果水泥塞打入套管内，应对套管井段内的水泥塞进行试压。试压要求如下：

（1）水泥塞处套管或潜在窜流处的地层破裂压力（或预测的地层破裂压力）加上 7MPa 作为水泥塞的测试压力，表层套管水泥塞的试压值为 3.5MPa。

（2）推荐进行负压试压。

（3）试压值不应超过套管试压值和套管磨损后修正的抗内压强度。

（4）当水泥塞打在另外一个已经验证合格的支撑上时，对水泥塞可以不进行压力测试，只需探塞面验证即可。

### 10.3.2　机械桥塞

#### 10.3.2.1　设计

对于机械桥塞的详细要求和设计主要参考 GB/T 20970《石油天然气工业　井下工具　封隔器和桥塞》。其主要设计要求如下：

（1）机械桥塞应能够经受预计使用时间内的最大压差、最高温度、最低温度、井内流体和所有预期载荷。

（2）机械桥塞的使用寿命须考虑井下流体性质和工况（如温度、$H_2S$、$CO_2$ 等）。

（3）机械桥塞应符合 GB/T 20970《石油天然气工业　井下工具　封隔器和桥塞》的如下规定：

①设计验证等级要求为 V0—V3。

②质量控制等级要求为 Q1。

（4）机械桥塞不能单独作为一个永久性井屏障部件。

（5）机械桥塞应安装在固井质量良好，或壁厚足够，能承受桥塞所施加负荷的套管段内。

#### 10.3.2.2 测试和监控

如果可行,应按流体流动方向(如负压试压)对桥塞进行试压,并试至(可能产生的)最大压差。如果该桥塞具有双向密封能力,可直接试压至(可能产生的)最大压差。

### 10.4 弃置井控

对于临时和永久弃置作业,除执行井控实施细则外,还应重点考虑以下情况:

(1)割套管作业时,应考虑环空中流体的流出以及环空内的圈闭气体。

(2)上提套管挂及密封总成时,应考虑环空中流体的流出以及环空内的圈闭气体。

(3)暂闭井重新投入作业时,应考虑井眼内特别是在水泥塞以下可能存在圈闭高压气体。

# 附件 A 引用文件

下列文件对本指南的应用是必不可少的。其最新版本（包括所有的修订单）适用于本文件。

GB/T 29170—2012 《石油天然气工业 钻井液实验室测试》（ISO 10416 / API RP 13I）

GB/T 20972—2008 《石油天然气工业 油气开采中用于含硫化氢环境的材料》（ISO 15156）

GB/T 17745—2011 《石油天然气工业 套管和油管的维护与使用》（ISO 10405）

GB/T 25430—2010 《钻通设备 旋转防喷器规范》（API Spec. 16RCD）

GB/T 20174—2006 《石油天然气工业 钻井和采油设备 钻通设备》（ISO 13533）

GB/T 22513—2013 《石油天然气工业 钻井和采油设备 井口装置和采油树》（API 6A /ISO 10423）

GB/T 28259—2012 《石油天然气工业 井下设备 井下安全阀》（ISO 10432）

GB/T 22342—2008 《石油天然气工业 井下安全阀系统 设计、安装、操作和维护》（ISO 10417）

GB 10238—2005 《油井水泥》（ISO 10426-1，API Spec 10A）

GB/T 19139—2012 《油井水泥试验方法》（ISO 10426-2）

GB/T 19830—2011 《石油天然气工业 油气井套管或油管用钢管》（ISO 11960）

GB/T 21267—2007 《石油天然气工业 套管及油管螺纹连接试验程序》（ISO 13679）

GB/T 20970—2007 《石油天然气工业 井下工具 封隔器和桥塞》（ISO 14310）

GB/T 22513—2008 《石油天然气工业 钻井和采油设备 井口装置和采油树》

SY/T 5396—2012 《石油套管现场检验、运输与贮存》
SY/T 5467—2007 《套管柱试压规范》
SY/T 5412—2005 《下套管作业规程》
SY/T 6426—2005 《钻井井控技术规程》
SY/T 5724—2008 《套管柱结构与强度设计》
SY/T 5087—2005 《含硫化氢油气井安全钻井推荐作法（API RP 49）》
SY/T 6581—2012 《高压油气井测试工艺技术规程》
SY/T 6268—2008 《套管和油管选用推荐作法》
SY/T 5964—2006 《钻井井控装置组合配套安装调试与维护》
SY/T 6160—2008 《防喷器的检查和维修》
SY/T 5323—2004 《节流和压井系统》
SY/T 6868—2012 《钻井作业用防喷设备系统推荐作法（API RP 53）》
SY/T 5678—2003 《钻井完井交接验收规则》
SY/T 6646—2006 《废弃井及长停井处置指南（API Bull E3）》
SY/T 6417—2009 《套管、油管和钻杆使用性能》
SY/T 6789—2010 《套管头使用规范》
Q/SY 1661—2014 《钻井液设计规范》
Q/SY 1572.2—2007 《油井管技术条件 第 2 部分：油管》

中国石油油勘 [2009] 44 号《高温高压深层及含酸性介质气井完井投产技术要求》，2009 年

中国石油《高压、酸性天然气井固井技术规范》

中国石油《固井技术规范》，2009 年

中国石油《关于进一步加强井控工作的实施意见》

中国石油《石油与天然气钻井井控规定》

ISO / TS 16530–2 Well Integrity for the Operational Phase 生产阶段的井完整性，2013 年

NORSOK D–010 Well Integrity in Drilling and Well Operations 钻井和作业过程中的井完整性，2013 年

UK Oil and Gas Well Integrity Guidelines 英国石油天然气：井完整性，2012 年

Energy Institute Model Code of Safe Practice 英国能源协会安全技术规范，2009 年

OLF 117 Recommended Guidelines for Well Integrity 挪威 OLF 117 井完整性推荐指南，2011 年

  本指南引用了部分参考文件中的内容，应作为一个整体使用。

  本指南不能够代替国际标准、行业标准和其他指南，国际标准和指南中包含了更为详细的信息。本指南包括了井完整性最佳实践，但是行业内专家经验和国内相关指南同样可以作为参考。

# 附件 B　相关定义

| | |
|---|---|
| A 环空 | 油管和生产套管之间的环空 |
| B 环空 | 生产套管和外层套管之间的环空 |
| C 环空 | 技术套管与技术套管之间的环空 |
| D 环空 | 技术套管与表层套管之间的环空 |
| 超高压油气井 | 地层压力不小于 105 MPa 或井口关井压力不小于 70 MPa 的油气井 |
| 井完整性 | 在油气井全生命周期内，综合应用技术、操作及组织管理方面的解决方案降低地层流体发生非控制泄漏的风险 |
| 井屏障 | 一个或多个井屏障部件组成的封闭空间，防止地层流体意外泄漏至井眼、其他地层或外部环境 |
| 井屏障部件 | 一个物理设备，其自身无法阻止流动，但是和其他井屏障部件形成的井屏障可以阻止流动 |
| 井屏障基本要求 | 用于验证井屏障部件的技术和操作要求及指南 |
| 第一井屏障 | 直接阻止油气藏流体无控制向外层空间流动的屏障 |
| 第二井屏障 | 第一井屏障失效后，阻止油气藏流体无控制向外层空间流动的屏障 |
| 永久井屏障 | 永久封隔流动层的井屏障 |
| 共用井屏障部件 | 第一井屏障和第二井屏障共用的井屏障部件 |

| 负压引流验窜 | 按照地层流体流动方向，通过降低井屏障部件下游压力形成一定差压的测试 |
| 压力/泄漏测试 | 对于设计具有承压功能的井屏障部件，施加一定的差压来检测井屏障部件是否泄漏的测试 |

# 附件 C  缩写

| | |
|---|---|
| ALARP | As Low as Reasonably Practicable 最低合理可行 |
| API | American Petroleum Institute 美国石油协会 |
| APB | Annulus Pressure Build-up 环空压力升高 |
| BOP | Blow Out Preventer 防喷器 |
| DHSV | Down Hole Safety Valve (also known as SCSSV) 井下安全阀 |
| DST | Drill Stem Test 钻杆测试 |
| ECD | Equivalent Circulating Density 当量循环密度 |
| ESD | Emergency Shut Down 紧急关断 |
| ESDV | Emergency Shut-down Valve 紧急关断阀 |
| FIT | Formation Integrity Test 地层完整性测试 |
| FMECA | Failure Mode, Effects, and Criticality Analysis 故障模式、影响及危害性分析 |
| HAZID | Hazard Identification 危险源识别 |
| HP | High Pressure 高压 |
| HPHT | High Pressure and High Temperature 高温高压 |
| HT | High Temperature 高温 |
| ISO | International Standard Organization 国际标准化组织 |
| LOT | Leak-off Test 泄漏测试 |
| LWD | Logging While Drilling 随钻测井 |
| MAASP | Maximum Allowable Annulus Surface Pressure 环空最大允许压力 |
| MDT | Modular Formation Dynamics Test 模块化地层动态测试 |